高校土木工程专业学习辅导与习题精解丛书

房屋建筑学学习辅导与习题精解

董 千 编著

中国建筑工业出版社

图书在版编目(CIP)数据

房屋建筑学学习辅导与习题精解/董千编著. —北京：中国建筑工业出版社，2006（2024.6重印）
（高校土木工程专业学习辅导与习题精解丛书）
ISBN 978-7-112-08062-5

Ⅰ.房… Ⅱ.董… Ⅲ.房屋建筑学—高等学校—教学参考资料 Ⅳ.TU22

中国版本图书馆 CIP 数据核字（2006）第 011008 号

高校土木工程专业学习辅导与习题精解丛书
房屋建筑学学习辅导与习题精解
董 千 编著
*
中国建筑工业出版社出版、发行（北京西郊百万庄）
各地新华书店、建筑书店经销
北京千辰公司制作
建工社（河北）印刷有限公司印刷
*
开本：787×1092 毫米 1/16 印张：17½ 字数：426 千字
2006 年 3 月第一版 2024 年 6 月第十一次印刷
定价：**24.00** 元
ISBN 978-7-112-08062-5
（14016）
版权所有 翻印必究
如有印装质量问题，可寄本社退换
（邮政编码 100037）

本书是与高校教材《房屋建筑学》配套的辅助教材，内容包含民用建筑与工业建筑设计、构造等十四章。

本书按知识要点、练习题、习题答案、模拟题、自测题等五部分编写。其中知识要点、习题、习题答案按教材分章依次编写，凸显出使用的同步特点。知识要点是对章中的基本概念、知识点的系统归纳，要点精练突出。练习题系统、完善，涵盖该章基本知识；题型多样灵活，有填空题、单项选择题、多项选择题、判断题、名词解释、简答题、绘图题等。模拟题和自测题按教材全面选材编写，不受章的限制。

全书精练的知识要点，全面系统的练习题，简练明了的习题答案，分析透彻、解答准确的典型例题，有力地帮助读者理解和掌握概念、知识和方法，提高分析能力和灵活应用。

本书可作为土木工程、水利、道桥、建筑学、室内设计等专业的本科、专科、专升本、函授、自考学生学习《房屋建筑学》的辅导用书。也可作为参加房地产估价师等注册资格考试的从业人员学习《房屋建筑学》的参考书。

*　　　　*　　　　*

责任编辑：张　晶
责任设计：赵明霞
责任校对：董纪丽

前　言

"房屋建筑学"是建筑学、建筑工程、房地产营销与管理、建筑造价、室内设计等专业的专业基础课，目前教材较多，为了便于教学，配合教材的知识，使得学生对知识点更容易掌握，编著了这本同步练习题。

《房屋建筑学学习辅导与习题精解》是以同济大学、西安建筑科技大学、东南大学、重庆大学合编《房屋建筑学》（第三版）及武六元、杜高潮主编的《房屋建筑学》为主要相应教材。本书共分四部分：知识要点和练习题、练习题参考答案、模拟题、自测题，前二部分按章编写、分十四章，后二部分按全书范围取材编写，不受章节限制。题型有填空题、单项选择题、多项选择题、判断题、名词解释、简答题、绘图题等。

《房屋建筑学》教材版本很多，授课老师可根据专业的不同、版本的不同，有重点的阐述，删减。

本《房屋建筑学学习辅导与习题精解》编写分工为：

董千：绪论部分，第一章——第十一章。

曹锋、董红静：第十二章——第十四章。

在本书的编写过程中，得到了西安建筑科技大学建筑学院杜高潮教授、长安大学邢蒴桐副教授、西安翻译学院丁祖诒教授、陈康教授、丁晶副院长、西安欧亚学院的曹锋老师、自由设计师董红静同志、马继荣同志、史唯佳同志、李陈同志、王培同志、辛琦同志等老朋友的大力协助和热情支持，在此表示诚挚的谢意！特别感谢西安建筑科技大学建筑学院杜高潮教授为本书写序，中国建筑学会室内设计分会副会长、原西北建筑工程学院院长霍维国教授在百忙中抽空为本书写后记，使我倍受鼓舞。

由于时间仓促，加之编者的水平和精力所限，有不妥之处，恳请使用者批评指正。

序

"房屋建筑学"作为我国高等学校土木工程专业的专业基础课程，在该专业教学计划中占有重要的地位。目前，国内《房屋建筑学》教材的版本已经有十余种之多，并且还有增加的趋势。《房屋建筑学》课程的内容庞杂，名词概念繁多，叙述性、实践性极强，而计划学时偏少，使得该专业学生在学习和掌握该门课程的概念、理论和设计方法上，形成了较大的困难。课程作业基本上以小设计作业为主，而课程考核却以理论考试为主。因此急需一本与《房屋建筑学》教材配套的辅助教材，为该专业学生学好这门课程提供有益的帮助。

董千老师在其十多年《房屋建筑学》课程教学实践中，勤于思考，善于总结，不断积累，终于完成了这本《房屋建筑学学习辅导与习题精解》的编写工作。笔者详细阅读了书稿全文，一种强烈的感慨和喜悦油然而生，透过书稿全面系统的习题类型、简练明了的习题答案、以及分析透彻、解答准确的典型例题解析，感受到了作者在书稿形成过程中所付出的辛勤的劳作。此书的出版问世必将为今后《房屋建筑学》课程教学效果的提高创造十分有利的条件。希望此书出版后，能得到业内众多仁人志士的关注，仁者见仁，智者见智，提出宝贵的意见和建议，使这本辅助教材的内容更趋完善，学术水平不断提高。

西安建筑科技大学建筑学院　杜高潮
2005 年 12 月 6 日

目　　录

第一部分　知识要点、练习题

绪论部分 ······ 3

第一篇　民用建筑设计与构造 ······ 8
- 第一章　民用建筑设计概述 ······ 8
- 第二章　建筑平面设计 ······ 13
- 第三章　建筑剖立面设计 ······ 33
- 第四章　民用建筑构造概论 ······ 42
- 第五章　基础与地下室 ······ 44
- 第六章　墙 ······ 48
- 第七章　楼地层 ······ 59
- 第八章　楼梯 ······ 67
- 第九章　屋顶 ······ 76
- 第十章　门窗 ······ 86
- 第十一章　变形缝及建筑抗震 ······ 92

第二篇　工业建筑设计与构造 ······ 94
- 第十二章　工业建筑设计概述 ······ 94
- 第十三章　单层工业厂房设计 ······ 97
- 第十四章　单层厂房构造 ······ 106

第二部分　练习题答案

绪论部分 ······ 113

第一篇　民用建筑设计与构造 ······ 116
- 第一章　民用建筑设计概述 ······ 116
- 第二章　建筑平面设计 ······ 118
- 第三章　建筑剖立面设计 ······ 125
- 第四章　民用建筑构造概论 ······ 130
- 第五章　基础与地下室 ······ 132
- 第六章　墙 ······ 135
- 第七章　楼地层 ······ 142
- 第八章　楼梯 ······ 147
- 第九章　屋顶 ······ 152
- 第十章　门窗 ······ 158
- 第十一章　变形缝及建筑抗震 ······ 162

第二篇　工业建筑设计与构造 ······ 164
- 第十二章　工业建筑设计概述 ······ 164

第十三章　单层工业厂房设计 ··· 167
第十四章　单层厂房构造 ·· 173

第三部分　模拟题

模拟题一 ·· 179
模拟题二 ·· 185
模拟题三 ·· 190
模拟题四 ·· 195
模拟题五 ·· 200
模拟题六 ·· 205
模拟题七 ·· 209
模拟题八 ·· 214
模拟题九 ·· 219
模拟题十 ·· 224
模拟题十一 ·· 229
模拟题十二 ·· 234
模拟题十三 ·· 239
模拟题十四 ·· 243

第四部分　自测题

自测题一 ·· 251
自测题二 ·· 261

后记 ·· 271
参考文献 ··· 272

第一部分

知识要点、练习题

绪 论 部 分

【知识要点】

1. 建筑是人工创造的室内外空间环境，直接供人使用的建筑叫建筑物，不直接供人使用的建筑叫构筑物。

2. 建筑起源于新石器时代，西安半坡村遗址、欧洲的巨石建筑是人类最早的建筑活动例证。商代创造的夯土版筑技术，西周创造的陶瓦屋面防水技术体现了我国奴隶社会时期建筑的巨大成就。埃及金字塔、希腊帕提农神庙、罗马斗兽场是欧洲奴隶社会的著名建筑；巴黎圣母院是欧洲封建社会著名建筑，它的骨架拱肋结构是一伟大创举。意大利的圣彼得教堂和意大利佛罗伦萨美第奇府邸是欧洲文艺复兴建筑的代表。19世纪末掀起的新建筑运动开创了现代建筑的新纪元，德国的包豪斯校舍体现了新功能、新材料、新结构的和谐与统一。大跨度建筑和高层建筑集中反映了现代建筑的巨大成就，举世闻名的悉尼歌剧院、罗马小体育馆、芝加哥西尔斯大厦都是现代建筑的著名代表。山西应县佛宫寺木塔、嵩岳寺砖塔、佛光寺大殿、晋祠圣母殿、独乐寺观音阁、故宫太和殿、天坛祈年殿等是我国封建社会各历史时期建筑的代表作，它集中体现了中国古代建筑的特征。建国后我国在城市建筑、民用建筑和工业建筑等方面取得了举世瞩目的成就。

3. 建筑功能、物质技术条件和建筑形象是建筑的三要素，三者之间是辩证统一的关系。我国的建筑方针是适用、安全、经济、美观。

4. 建筑按功能分为民用建筑、工业建筑和农业建筑，按规模分为大量性建筑和大型性建筑；按层数分为低层（1~3层）、多层（4~6层）、中高层（7~9层）、高层（10层及10层以上）和超高层（高度超过100m）建筑。建筑按耐久性分为四等，使用年限分别为100年以上，50~100年，25~50年，15年以下。建筑的耐火等级分为四级，分级的依据是构件的耐火极限和燃烧性能。

5. 实行建筑模数协调统一标准的目的是为了推进建筑工业化。其主要内容包括建筑模数、基本模数、扩大模数、分模数。

【练习题】

一、填空题

1. 基本模数为_____ mm。整个建筑物及建筑物的一部分以及建筑组合体的模数化尺寸通常是基本模数的_____倍。

2. 建筑为人们提供各种需要的空间，同时作用于人的感官而引起人们某种心理反应，所以建筑具有_____与_____的双重功能。

3. 原始人类为防御大自然的侵袭与野兽的危害建立了_____和_____。

4. 根据《住宅建筑设计规范》，住宅按层数分类_____至_____层为多层住宅；_____层为高层住宅。

5. 构成建筑的三要素：_____、_____、_____。

6. 我国的建筑方针是：_____。

7. _____是欧洲封建社会的著名建筑，它的骨架拱肋结构是一伟大创举。

8. 西周创造的_____体现了我国奴隶社会时期的巨大成就。

9. 19世纪末掀起的新建筑运动开创了现代建筑新纪元，德国_____体现了新功能、新材料、新结构的和谐与统一。

10. 宋代是中国建筑发展的定型期，出现了中国第一部完整的建筑专著_____，由李诫主持、编撰，内容涉及建筑设计、施工、材料、管理等各个方面。由朝廷颁布成为一部完整的建筑法规。

11. 建筑物的耐火等级分为_____级，分级的依据是构件的_____和_____。

12. 清代工部颁布的_____是中国古代又一部完整的建筑法规，它在宋代_____的基础上将建筑的做法进一步完整化，规定以_____为建筑模数，给设计施工带来了方便，但过程程式化、僵化、失去活力。

13. 明代计成所著_____一书，详述园林设计思想和具体做法，是我国古代最完备的一部园林学专著。

14. 建筑按规模和数量分_____和_____。

15. 建筑是指_____与_____的总称。

16. 建筑物按使用功能分为_____、_____和民用建筑，民用建筑又分为_____和_____。

17. 建筑按主要承重结构材料分类分为_____、_____、_____和_____等。

18. 建筑工程设计包括_____、_____和_____等三个方面的内容。

19. 公共建筑总高度超过_____m的为高层（不包括单层主体建筑）；高度超过_____m时，为超高层建筑。

20. 住宅建筑按层数划分为：_____层为低层；_____层为多层；_____层为中高层；_____为高层（包括底层设置商业网点的建筑）。

21. 建筑设计按三阶段可分为_____、_____和_____。

二、单项选择题

1. 下列（　　）不属于高层建筑的是。
　　A. 10层以上的住宅建筑　　　　B. 总高度超过24m的两层公共建筑
　　C. 总高度超过24m的单层主体建筑　　D. 总高度超过32m的综合性建筑

2. 建筑是建筑物和构筑物的总称，下面全属于建筑物的是（　　）。

A. 学校、堤坝 B. 住宅、电塔
C. 工厂、商场 D. 烟囱、水塔

3. 民用建筑包括居住建筑和公共建筑，下面属于居住建筑的是（ ）。
A. 旅馆 B. 疗养院
C. 宿舍 D. 幼儿园

4. 建筑的三个构成要素中起着主导作用的是（ ）。
A. 建筑功能 B. 建筑技术
C. 建筑形象 D. 建筑经济

5. 托儿所、幼儿园的合理服务半径是（ ）。
A. 100m B. 300m
C. 500m D. 1000m

6. 小学校的合理服务半径通常为（ ）m。
A. 300~500 B. 500~800
C. 500~1000 D. 1000~1500

7. 耐久等级为二级的建筑物适用于一般性建筑，其耐久年限为（ ）年。
A. 50~100 B. 80~150
C. 25~50 D. 15~25

8. 关于建筑耐久年限的说法哪一项正确（ ）。
A. 建筑耐久年限分为三级
B. 建筑耐久年限是根据建筑物的重要性确定的
C. 建筑耐久年限是根据建筑物的高度确定的
D. 建筑耐久年限是根据建筑物的主体结构确定的

9. 耐火等级为一级的承重墙燃烧性能和耐火极限应满足（ ）。
A. 难燃烧体 3.0h B. 非燃烧体 4.0h
C. 难燃烧体 5.0h D. 非燃烧体 3.0h

三、名词解释

1. 耐火极限

2. 建筑物与构筑物

3. 大量性建筑

4. 大型性建筑

5

5．耐火等级

6．基本模数

7．模数数列

四、简答题

1．实行建筑模数协调统一标准有何意义？模数、基本模数、扩大模数、分模数的含义是什么？模数数列的含义和适用范围是什么？

2．建筑方针所包含的基本内容是什么？

3．建筑设计的主要依据有哪些方面？

4. 构成建筑的三要素之间的辩证关系是什么?

5. 划分建筑物耐久等级的主要根据是什么?建筑物的耐久等级划分为几级?各级的适用范围是?

6. 建筑构件按燃烧性能分为哪几类?各有何特点?

第一篇 民用建筑设计与构造

第一章 民用建筑设计概述

【知识要点】

1. 广义的建筑设计是指设计一个建筑物或建筑群所要做的全部工作，包括建筑设计、结构设计、设备设计。以上几方面的工作是一个整体，彼此分工而又密切配合，通常建筑工种先行，常常处于主导地位。

2. 为使建筑设计顺利进行，少走弯路，少出差错，取得良好的成果，设计工作必须按照一定的程序进行。为此，设计工作的全过程包括收集资料、初步设计、技术设计、施工图设计等几个阶段，其划分视工程的难易而定。

3. 两阶段设计是指初步设计（或扩大初步设计）和施工图设计。三阶段设计是指初步设计、技术设计和施工图设计。

4. 建筑设计是一项综合性工作，是建筑功能、工程技术和建筑艺术相结合的产物。因此，从实际出发，有科学的依据是做好建筑设计的关键，这些依据通常包括：人体尺度和人体活动所需的空间尺度；家具设备的尺寸和使用它们的必要空间；气象条件、地形、水文、地质及地震烈度；建筑模数协调统一标准及国家制订的其他规范及标准等。

【练习题】

一、单项选择题

1. 建设单位提供设计委托书时，要附上建设地点的地形图，以及地区的建设现状及建设规划。这是确定（　　）的重要依据。
   A. 新建筑位置、绝对标高及基础设计。
   B. 新建筑与周围道路、管线、环境协调配合。
   C. 新建筑的朝向、绝对标高、以及与周围道路、管线、环境协调配合。
   D. 新建筑的位置、绝对标高、以及与周围道路、管线、环境协调配合。

2. 在建筑设计阶段中，初步设计阶段是（　　）。
   A. 依据　　　　　　　　　　B. 基础
   C. 核心　　　　　　　　　　D. 草案

3. 民用建筑内部各种空间尺度主要是依据（　　）而确定的。
   A. 心理学　　　　　　　　　B. 测量学
   C. 家具、设备尺寸及所需的必要空间　D. 人体尺度及人体活动的空间尺度

4. 广义的建筑设计是指设计一个建筑物或建筑群所要做的全部工作，包含的专业、

工种很多，彼此分工而又密切配合。通常建筑工种处于（　　）地位。

　　A. 重要　　　　　　　　　　B. 主导
　　C. 辅助　　　　　　　　　　D. 各工种地位平行无主次之分

5. 在建筑初步设计阶段开始之前最先应取得下列哪一项资料？（　　）
　　A. 项目建议书　　　　　　　B. 工程地质报告
　　C. 可行性研究报告　　　　　D. 施工许可证

6. 建设一个规模较大的新开发区，其合理的建设次序应先进行下列哪项建设？（　　）
　　A. 供电、供水、通信、道路等基础设施
　　B. 居住区以及商店、医院等服务设施
　　C. 厂前区及工人生活设施
　　D. 工人生活设施及商店、医院等服务设施

7. 业主向设计单位提供工程勘察报告应在下列哪一阶段？（　　）
　　A. 项目建议书　　　　　　　B. 可行性研究
　　C. 设计　　　　　　　　　　D. 施工

8. 关于风向频率玫瑰图的概念，下列哪一条是不正确的？（　　）
　　A. 各个方向的最大风速　　　B. 各个方向吹风次数百分数值
　　C. 风向是从外面吹向中心的　D. 8个或16个罗盘方位

9. 建筑构图原理主要研究下列哪类问题？（　　）
　　A. 空间构成问题　　　　　　B. 空间划分问题
　　C. 建筑与环境的关系问题　　D. 建筑艺术形式美的创作规律问题

10. 初步设计文件深度的规定，下列何者为不妥的？（　　）
　　A. 应符合已审定的设计方案
　　B. 应提供工程设计概算
　　C. 能据以确定土地征用范围
　　D. 能据以进行施工图设计，但不能据以进行施工准备以及准备主要设备及材料

11. 试问下列哪种说法是不正确的？（　　）
　　A. 地震烈度表示地面及房屋建筑遭受地震破坏的程度
　　B. 建筑物抗震设防的重点是地震烈度7、8、9度的地区
　　C. 结构抗震设计是以地震震级为依据的
　　D. 地震烈度和地震震级不是同一概念

二、多项选择题

1. 下列哪些内容是建筑设计资料集中的内容（　　）
　　A. 各种规范
　　B. 各类建筑的发展史
　　C. 各种常用建筑的基本功能分析、平面组合形式
　　D. 不同水文、地质情况的分析及建筑基础的形式
　　E. 大量的定性设计图及构配件标准图

2. 在建筑方案设计中决定建筑层高的主要因素是（　　）

A. 结构形式的制约

　　B. 墙体材料的制约

　　C. 人体活动及功能使用要求

　　D. 室内空气量、采光、通风等卫生要求及人们的心理要求

　　E. 建筑外观要求

　3. 下列哪些图是建筑施工图中的内容（　　　　）

　　A. 基础平面图　　　　　　　　B. 建筑平面图

　　C. 暖气施工图　　　　　　　　D. 梁柱结构图

　　E. 门窗明细表

　4. 设备设计主要包括（　　　　）

　　A. 给水排水设计　　　　　　　B. 电气照明设计

　　C. 暖通空调通风设计　　　　　D. 动力设计

　　E. 选用的构配件受力设计

　5. 建筑设计的依据是（　　　　）

　　A. 人体尺度和人体活动所需的空间尺度

　　B. 家具、设备的尺寸和使用它们的必要空间

　　C. 气象条件、地形、水文、地质及地震烈度

　　D. 建筑模数协调统一标准及国家制定的其他规范及标准

　　E. 材料、结构及生产技术等方面

三、填空题

　1. 方案设计主要是表明空间、体形及技术处理等方面的构思，为了表明设计意图和便于评议通常画出建筑的＿＿＿＿＿＿＿＿＿＿＿和做出＿＿＿＿＿＿＿＿＿。

　2. 建筑设计的任务与目的是＿＿＿＿＿＿＿＿＿＿＿空间、创造美好的＿＿＿＿＿＿＿＿环境以满足人们物质与精神方面的需要。

　3. 建筑设计一般分为＿＿＿＿＿＿＿个阶段，对于大型的比较复杂的工程，也可采用＿＿＿＿＿＿个设计阶段。

　4. 民用建筑的设计内容包括＿＿＿＿＿＿、＿＿＿＿＿＿和＿＿＿＿＿＿设计等专业。

　5. 设计前的准备工作有：＿＿＿＿＿＿＿＿、＿＿＿＿＿＿＿＿、＿＿＿＿＿＿＿＿。

　6. 承担＿＿＿＿＿＿＿＿任务的初步设计称为扩大初步设计。

　7. 施工图设计的主要任务是满足施工要求、解决施工中的＿＿＿＿＿＿＿＿＿＿及＿＿＿＿＿＿＿。

　8. 建筑总平面图常用的比例有：＿＿＿＿＿＿＿、＿＿＿＿＿＿＿；建筑各层平面图、剖面图、立面图常用的比例有：＿＿＿＿＿＿、＿＿＿＿＿＿、＿＿＿＿＿＿；建筑构造详图常用的比例有：＿＿＿＿＿＿、＿＿＿＿＿＿、＿＿＿＿＿＿、＿＿＿＿＿＿等。

　9. 建筑设计的要求有：＿＿＿＿＿＿＿＿＿＿、＿＿＿＿＿＿＿＿＿＿

____、_____、_____、_____
_____。

10．人体工程学是运用人体计测、生理心理计测和生物力学等研究方法综合地进行人体结构_____、_____等问题的研究，用以解决_____、_____之间的协调关系并提高效能。

四、名词解释

1．结构设计

2．地震烈度

3．风玫瑰图

五、简答题

1．建筑设计的主要任务是什么？

2．建筑按承重结构的材料分哪几类？

3．建筑按功能分哪几类？

4．建筑按耐久年限分几级？分别是什么？

5. 建筑按层数分哪几类?

6. 建筑按规模划分为哪几类? 建筑按耐火等级划分为哪几级?

7. 建筑设计分几个阶段? 对大型的复杂的建筑采用几个阶段?

8. 我国建筑设计的主要内容是什么?

9. 建筑设计中技术设计阶段的主要任务是什么?

10. 两阶段设计和三阶段设计的含义及适用范围?

第二章 建筑平面设计

【知识要点】

1. 民用建筑平面设计包括房间设计和平面组合设计。各种类型的民用建筑，其平面均可归纳为使用和交通联系两个基本组成部分。

2. 使用房间是供人们生活、工作、学习、娱乐等的必要房间。为满足使用要求，必须有合适的房间面积、尺寸、形状及良好的朝向、采光、通风、疏散条件。同时，还应符合建筑模数协调统一的要求，并保证经济合理的结构布置等。

3. 辅助房间的设计原理和方法与使用房间设计基本相同。但是，由于这一类房间设备管线较多，设计中要特别注意房间的布置和与其他房间的位置关系，否则会造成使用、维修管理不便和造价增加等缺点。

4. 建筑物内各房间之间以及室内外之间，均要通过交通联系部分组成有机整体。交通联系部分应具有足够的尺寸，流线简捷、明确，不迂回，有明显的导向性，有足够的亮度和舒适感，保证安全防火等。

5. 平面组合设计应遵循以下原则：功能分区合理，流线组织明确，平面布局紧凑，结构经济合理，设备管线布置集中，体形简洁。

6. 民用建筑平面组合的方式有走廊式、套间式、大厅式、单元式及混合式等。

7. 任何建筑都处在一个特定的建筑地段上，单体建筑必然要受到基地环境、大小、形状、地形起伏变化、气象、道路及城市规划等的制约。因此，建筑组合设计必须密切结合环境，做到因地制宜。

8. 建筑物之间的距离主要根据建筑物的日照通风条件，防火安全要求来确定。除此以外，还应综合考虑防止声音和视线的干扰，兼顾绿化、室外工程、地形利用及建筑空间环境等的要求。对于一般建筑，只着重考虑日照间距问题。

9. 建筑朝向是建筑设计考虑的重要问题，要综合考虑日照、风向、地形、道路走向、周围环境等，在我国地理纬度条件下，以向南和南偏东（西）为好。

【练习题】

一、单项选择题

1. 下列数据中哪组为教学楼的中间走道和外廊的最合适宽度（　　）
   A. 2.4m 和 1.2m　　　　　　B. 3.6m 和 1.8m
   C. 1.5m 和 1.5m　　　　　　D. 2.4m 和 1.8.m

2. 图为某中学校园总平面，请选择最合理的布置方式（　　）

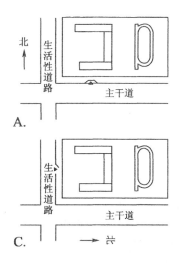
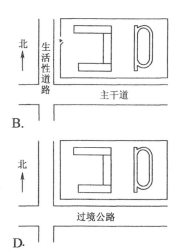

3. 下列高层建筑的防烟楼梯间的设计，正确的是（　　）

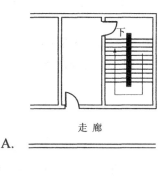
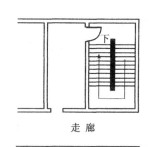
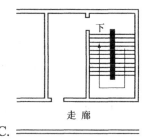
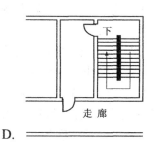

4. 在场地总体设计中，建筑容积率反应建筑对土地的有效利用率。容积率等于（　　）
   A. 建筑基底面积/总用地面积　　　B. 建筑基底面积/总建筑面积
   C. 总建筑面积/总用地面积　　　　D. 建筑使用面积/总建筑面积

5. 日照间距是前后排建筑物相对外墙之间的距离，它是根据（　　）来计算的。
   A. 冬至日正午的太阳能照到后排房屋底层窗上檐高度
   B. 冬至日正午的太阳能照到后排房屋底层窗中间高度
   C. 冬至日正午的太阳能照到后排房屋底层窗窗台高度
   D. 冬至日正午的太阳能照到后排房屋底层地面高度

6. 图为某住宅局部平面，请选择最优的平面布局方式（　　）

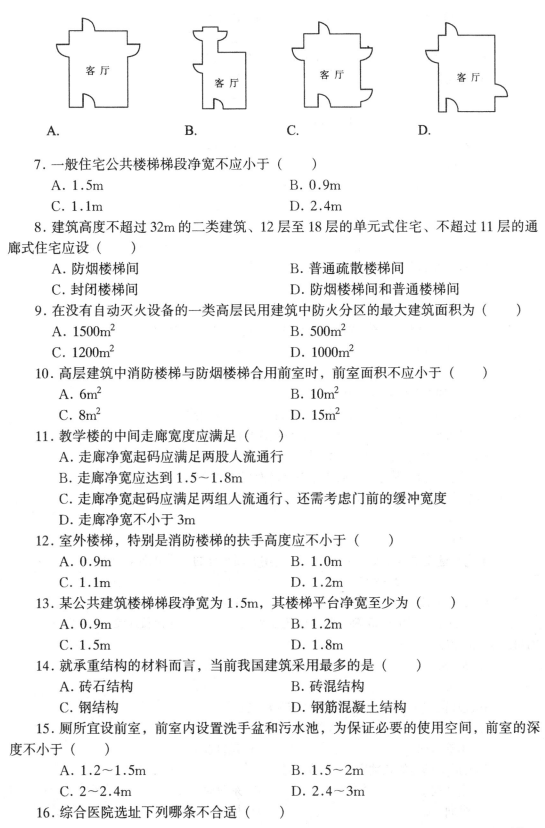

A.　　　　　　　　B.　　　　　　　　C.　　　　　　　　D.

7. 一般住宅公共楼梯梯段净宽不应小于（　　）
   A. 1.5m
   B. 0.9m
   C. 1.1m
   D. 2.4m

8. 建筑高度不超过32m的二类建筑、12层至18层的单元式住宅、不超过11层的通廊式住宅应设（　　）
   A. 防烟楼梯间
   B. 普通疏散楼梯间
   C. 封闭楼梯间
   D. 防烟楼梯间和普通楼梯间

9. 在没有自动灭火设备的一类高层民用建筑中防火分区的最大建筑面积为（　　）
   A. 1500m²
   B. 500m²
   C. 1200m²
   D. 1000m²

10. 高层建筑中消防楼梯与防烟楼梯合用前室时，前室面积不应小于（　　）
    A. 6m²
    B. 10m²
    C. 8m²
    D. 15m²

11. 教学楼的中间走廊宽度应满足（　　）
    A. 走廊净宽起码应满足两股人流通行
    B. 走廊净宽应达到1.5～1.8m
    C. 走廊净宽起码应满足两组人流通行、还需考虑门前的缓冲宽度
    D. 走廊净宽不小于3m

12. 室外楼梯，特别是消防楼梯的扶手高度应不小于（　　）
    A. 0.9m
    B. 1.0m
    C. 1.1m
    D. 1.2m

13. 某公共建筑楼梯梯段净宽为1.5m，其楼梯平台净宽至少为（　　）
    A. 0.9m
    B. 1.2m
    C. 1.5m
    D. 1.8m

14. 就承重结构的材料而言，当前我国建筑采用最多的是（　　）
    A. 砖石结构
    B. 砖混结构
    C. 钢结构
    D. 钢筋混凝土结构

15. 厕所宜设前室，前室内设置洗手盆和污水池，为保证必要的使用空间，前室的深度不小于（　　）
    A. 1.2～1.5m
    B. 1.5～2m
    C. 2～2.4m
    D. 2.4～3m

16. 综合医院选址下列哪条不合适（　　）

A. 交通方便，面临两条城市道路　　B. 便于利用城市基础设施
C. 地形较规整　　　　　　　　　　D. 临近小学校

17. 拟建市政府办公楼地段的条件下列哪一条不合适（　　）
A. 面临城市道路　　　　　　　　　B. 紧邻公园
C. 加油站　　　　　　　　　　　　D. 医院

18. 下列哪一条不是建设项目所要求的（　　）
A. 单独设计　　　　　　　　　　　B. 单独建设
C. 成批生产　　　　　　　　　　　D. 建设项目都具有特定的目的与用途

19. 场地的"三通一平"的内容是下列哪一条？（　　）
A. 水通、电通、路通、平整场地　　B. 水通、暖通、煤气通、路平
C. 通信、暖通、水通、路平　　　　D. 电通、信通、水通、平整场地

20. 一栋占地面积为2100m² 的三层建筑物，每层建筑面积为900m²，使用面积系数为80％，试问该项建筑用地的建筑容积率为下列哪一项（　　）
A. 0.8　　　　　　　　　　　　　　B. 1.2
C. 1.5　　　　　　　　　　　　　　D. 2.0

21. 当基地与道路红线不连接时，应采取何种方法与红线连接（　　）
A. 改变红线　　　　　　　　　　　B. 扩大用地范围
C. 改变高程　　　　　　　　　　　D. 设通路

22. 试问下列概念何者为正确的（　　）
A. 建筑覆盖率是用地面积与建筑基底面积的百分比
B. 建筑容积率是总建筑面积与总用地面积的比值
C. 建筑覆盖率是建筑基底面积与用地面积的比值
D. 建筑容积率是总用地面积与总建筑面积的百分比

23. 尽端式车行路长度超过（　　）应设回车场。
A. 22m　　　　　　　　　　　　　　B. 30m
C. 35m　　　　　　　　　　　　　　D. 40m

24. 非高层建筑供消防车、大型消防车使用的回车场的尺度分别不应小于（　　）。
A. 9m×9m、12m×12m　　　　　　　B. 10m×10m、15m×15m
C. 12m×12m、15m×15m　　　　　　D. 15m×15m、18m×18m

25. 某市的东新小区被拆除的危房建筑面积8200m²，拆建比按1∶2.6考虑，问新建的房屋建筑面积为（　　）。
A. 3153m²　　　　　　　　　　　　B. 9900m²
C. 21320m²　　　　　　　　　　　 D. 22100m²

26. 在设计前期工作中，业主对空间需求最关心是（　　）。
A. 建筑尺度　　　　　　　　　　　B. 建筑比例
C. 建筑面积　　　　　　　　　　　D. 建筑造型

27. 学校运动场地的长轴宜（　　）布置。
A. 南北向　　　　　　　　　　　　B. 东西向
C. 纵向　　　　　　　　　　　　　D. 横向

28. 居住区内尽端式道路的长度不应大于（　　）米。
    A. 50   B. 70
    C. 100   D. 120

29. 基地面积如图所示，比例1:100，以下面积哪个正确？（　　）
    A. 76m²   B. 92m²
    C. 124m²   D. 148m²

30. 斗栱位于（　　）构件之间。
    A. 屋顶与梁   B. 梁与柱
    C. 梁与枋   D. 枋与垫板

31. 以下为一多层住宅楼梯设计的有关尺寸，哪个是不正确的？（　　）
    A. 楼梯间开间 3m   B. 楼梯踏步高 0.175m
    C. 楼梯段部位净高 2m   D. 楼梯间进深 4.8m

32. 为满足采光要求，一般单侧采光的房间深度不大于窗上口至地面距离的（　　）倍，双侧采光的房间深度不大于窗上口至地面距离的（　　）倍。
    A. 2、3   B. 1、2
    C. 1.5、3   D. 2、4

33. 一般民用建筑的房间开间和进深是以（　　）为模数。
    A. 3M   B. 1M
    C. 6M   D. 4M

34. 防火设计规范中规定，当房间的面积或房间内的人数分别超过（　　）时，门的数量不应小于2个。
    A. 50、60   B. 60、50
    C. 100、50   D. 30、50

35. 住宅中考虑搬运家具的要求，过道最小宽度限制为（　　），公共建筑门扇开向走廊时最小宽度限制为（　　）。
    A. 900～1000mm 1500mm   B. 1100～1200mm 1800mm
    C. 1100～1200mm 1500mm   D. 900～1000mm 1800mm

36. 一般公共建筑中的楼梯的数量不少于（　　）个。
    A. 1   B. 2
    C. 3   D. 4

37. 住宅建筑层数、公共建筑高度（m）在（　　）以上时必须设置电梯。
    A. 7、24   B. 8、24
    C. 6、32   D. 10、24

38. 我国大部分地区处于夏热、冬冷的状况，主要房间适宜的朝向是（　　）。
    A. 南向或南偏东、偏西少许角度   B. 南向或东向
    C. 东向或西向   D. 北向或南向

39. 矩形平面开间与进深的适宜比例为（　　）。
    A. 1:1.5～1:2   B. 1:1～1:2

17

  C. 1:2~1:3　　　　　　　　　　　D. 1:1.2~1:1.5

40. 建筑物的间距应考虑多种因素确定，对于大多数民用建筑来说，在一般的情况下，只要满足了（　　）间距，其他要求也能满足。

  A. 防火　　　　　　　　　　　　B. 通风
  C. 日照　　　　　　　　　　　　D. 视线

二、多项选择题

1. 电梯的井道设计必须考虑（　　）。
  A. 井道的立面形式　　　　　　　B. 防火与隔声要求
  C. 通风与检修要求　　　　　　　D. 井道的照明要求
  E. 井道的色彩设计

2. 中、小学校总平面布置中所指的"动""静"要分开，是指（　　）。
  A. 音乐、阅读等课程的上课时间与其他课程的上课时间错开。
  B. 要避免校外的噪声对校内的干扰。
  C. 校园内可不设运动场，以免对教学楼干扰。
  D. 要解决好校内自身相互的干扰。
  E. 限制课外活动和体育课的时间以保证教学楼的安静。

3. 大开间住宅具有的主要特点是（　　）。
  A. 具有较强的抗震力
  B. 可为住户提供多种形式的平面组合形式供选择
  C. 厨房、卫生间位置灵活
  D. 套内没有承重墙，用轻质隔墙分隔居室，可拆可变
  E. 造价低、施工方便

4. 高层建筑的公共疏散门（　　）。
  A. 应双向开启　　　　　　　　　B. 向疏散方向开启
  C. 可以是转门　　　　　　　　　D. 不得设门槛
  E. 通向楼梯间的门可以是普通木门

5. 下列哪些指标是反映房屋面积的有效利用率（　　）。
  A. 容积率　　　　　　　　　　　B. 使用面积系数
  C. 建筑密度　　　　　　　　　　D. 居住面积系数
  E. 居住建筑面积密度

6. 在幼儿园设计中，下列哪些房间是幼儿活动单元的构成要素（　　）。
  A. 厨房　　　　　　　　　　　　B. 楼梯
  C. 卫生间　　　　　　　　　　　D. 隔离室
  E. 卧室

7. 下列哪些属于住宅组成中的辅助部分（　　）。
  A. 书房　　　　　　　　　　　　B. 楼梯
  C. 卫生间　　　　　　　　　　　D. 餐厅
  E. 阳台

8. 单元式多层住宅设计中采用最多的楼梯形式是（　　　　）。
   A. 直跑　　　　　　　　　　B. 两跑
   C. 三跑　　　　　　　　　　D. 曲尺形
   E. 双分式
9. 公共建筑出入口为（　　　　）。
   A. 一个以上　　　　　　　　B. 两个
   C. 不少于两个　　　　　　　D. 三个
   E. 不少于三个
10. 图为某住宅卫生间局部平面图，请选择正确的画法（　　　　）。

A.　　　　B.　　　　C.　　　　D.　　　　E.

三、填空题

1. ＿＿＿＿＿＿结构建筑的墙体只起围护、分隔作用，其荷载由＿＿＿＿＿＿、＿＿＿＿＿＿承受。＿＿＿＿＿＿结构建筑的墙体起承重作用。

2. 居住小区中为使消防车能方便迅速地驶近每栋住宅，车道的宽度一般不应小于＿＿＿＿＿＿m；尽端式道路应留有不少于＿＿＿＿＿＿的回车场地。

3. 用钢材与混凝土组合而成的钢筋混凝土建筑其结构能承受很大的荷载，这为扩大建筑的＿＿＿＿＿＿、延伸悬挑尺寸和增加建筑的＿＿＿＿＿＿提供了条件。

4. 民用建筑中的空间组成可分为＿＿＿＿＿＿与＿＿＿＿＿＿两部分。

5. 辅助使用空间是为保证建筑物＿＿＿＿＿＿要求而设置的。

6. 建筑平面设计的任务是指在对设计任务、＿＿＿＿＿＿、周围环境及＿＿＿＿＿＿有了较为深刻理解的基础上进行的。

7. 使用空间设计应考虑的基本因素为：要有适宜的尺度、＿＿＿＿＿＿、恰当的形状、良好的朝向、＿＿＿＿＿＿、方便的内外交通联系、有效的利用建筑面积以及合理的＿＿＿＿＿＿和便于施工等。

8. 民用建筑设计中常从＿＿＿＿＿＿、＿＿＿＿＿＿、经济条件、美观等各方面综合考虑，选择合适的房间形状。

9. 在中、小学教学楼设计中，为防止第一排座位距黑板太近垂直视角太小易造成学生近视，因此第一排座位距黑板的距离必须大于等于＿＿＿＿＿＿，以保证垂直视角大于＿＿＿＿＿＿，为防止最后一排座位距黑板太远影响学生的视觉和听觉，后排距黑板距离不宜大于＿＿＿＿＿＿。为避免学生过于斜视而影响视力，水平视角（即前排边座与黑板远端的视线夹角）应大于等于＿＿＿＿＿＿。

10. 民用建筑设计中为保证室内采光的要求一般单侧采光时进深不大于窗上口至地面

距离的_____倍。

11．民用建筑设计中，住宅楼梯间的开间尺寸常采取_____、_____梯段踢面的范围常取_____mm；踏面的范围常取_____mm。

12．房间中的门的宽度取决于_____、_____及_____等因素，住宅中卧室门的宽度常取_____mm。

13．按照《建筑设计防火规范》有关规定的要求，房间设两个门的条件是_____或_____。

14．房间中窗的大小和位置主要根据_____、_____来考虑。

15．在房间设计中通常以_____与_____的比值来初步确定或校验窗面积的大小。

16．中小学教室在一侧采光的条件下窗户应位于学生的_____侧，为改善室内的通风条件还常在靠走廊一侧的墙上开设_____。

17．厕所蹲位设内开门的条件是：_____。

18．厨房的布置形式主要有：_____、_____、_____、_____。

19．交通联系部分包括_____、_____、_____。

20．作为疏散用的走廊，其最小宽度不应小于_____。公共建筑门扇开向走廊时，走廊宽度通常不小于_____。

21．垂直交通联系部分的种类有：_____、_____、_____、_____等。

22．楼梯设计主要根据_____和_____确定梯段和休息平台的宽度。

23．民用建筑楼梯按其使用性质可分为：_____、_____、_____。

24．当建筑物层高较高，楼梯间的进深尺寸受到限制或利用楼梯间顶部天窗采光时，常采用_____楼梯。

25．建筑物中楼梯的数量主要根据_____和_____来确定。

26．_____及_____住宅；_____及_____办公建筑应设电梯。

27．电梯按其使用性质可分为：_____、_____、_____及_____等几类。

28．室内坡道的特点是：_____、通行人流的能力几乎和_____相当；其缺点是：_____。

29．门厅的主要作用是：_____、分配人流、室内外空间过渡及_____。

30．门厅的布局可分为_____、_____两种。

31．门厅作为室外向室内过渡的空间，一般应在入口处设置_____，供人们_____及在雨雪天张收雨具之用。

32. 门厅对外出入口的总宽度应不小于_____、_____的总和，门厅的开启方式为_____或采用_____。

33. _____、_____是门厅设计中的重要问题。

34. 过厅的作用是：_____。

35. 影响建筑物平面组合的因素有：_____、_____、_____、_____。其中的核心是_____。

36. 平面组合的优劣主要体现在_____及_____两个方面。

37. 平面组合中一般是将_____房间布置在朝向较好的位置，靠近主要出入口，并有良好的采光通风条件。_____房间可布置在条件较差的位置。

38. 各类民用建筑因其使用性质不同往往存在着多种流线，归纳起来分为_____及_____两类。

39. 目前民用建筑常用的结构类型有：_____、_____、_____三种。

40. 在进行砖混结构的平面组合时应注意：上下承重墙要_____，尽量将大房间放置在建筑物的_____。

41. 砖混结构的优点是：_____、_____；缺点是：_____、室内空间小、开窗受限制，其适用于_____组合而成的建筑。

42. 薄壳结构的特点是：_____、_____、_____。

43. 网架结构多采用_____、能承受较大的纵向弯曲力、整体性好、_____、_____能适用于多种平面形式。

44. 建筑物平面组合形式有：_____、_____、_____、_____、_____五种。

45. 平面组合中的走廊式组合分为_____、_____两种。

46. 建筑物与等高线的相互关系可分为_____、_____两种布置方式。

47. 在纵墙承重的建筑中，房屋的横向刚度较差。因此在平面布置时应在一定的间隔距离设置_____以保证房屋的横向刚度。

48. 对于住宅、宿舍等成排布置的建筑，_____通常是确定房屋间距的主要因素。

49. 建筑物的朝向，要综合考虑建筑日照、_____、_____、_____及周围环境等因素。

四、名词解释

1. 建筑密度

2．建筑容积

3．开间

4．窗地面积比

5．走廊式组合

6．穿套式组合

7．大厅式组合

8．单元式组合

9．混合式组合

10．日照间距

11．袋形走廊

12．封闭式楼梯间

13. 安全出口

五、简答题

1. 建筑平面包括哪些基本内容？

2. 民用建筑平面由哪几部分组成？

3. 房间面积由哪几部分组成？

4. 确定房间的平面形状应综合考虑哪些因素？矩形平面被广泛采用的原因是什么？

5. 卫生设备的数量如何确定？

6. 交通联系空间包括哪些部分？

7. 如何确定楼梯的位置？

8. 影响建筑平面组合设计的因素有哪些？

9. 在平面组合设计中，如何处理建筑各部分的主次、内外及联系与分隔关系？

10. 房间的尺寸是根据哪些因素确定的？

11. 如何确定房间的门窗数量、大小、开启方向及具体位置？

12. 卫生间设计的一般要求是什么？

13. 带前室的厕所其优点是什么？设计时应注意什么？

14. 厨房设计时应满足的要求有哪些？

15. 走廊宽度确定依据是什么？

16. 走廊的采光、通风问题怎样解决？

17. 常用的楼梯形式有几种？它们的优缺点各是什么？

18. 楼梯的数量及宽度是怎么样确定的？

19. 门厅的布局有哪两种？各有什么特点？

20. 门厅设计的主要要求是什么?

21. 在平面组合设计中首先要进行功能分区的分析,它是从哪几个方面入手的?

22. 目前民用建筑常用的结构形式有哪几种?其特点及适用范围各是什么?

23. 墙承重结构的布置方式有哪几种?各有何特点和适用范围是什么?

24. 走廊式组合有哪几种形式?各自的特点是什么?

25. 单元式组合的特点是什么?

26. 基地条件对建筑平面组合的影响是什么？

27. 在确定建筑物的间距及朝向时，应考虑的因素有哪些？

28. 如何确定建筑物的间距？其计算公式是什么？

六、作图题

1. 请作出某 5 层楼的楼梯设计。开间为 4.2m，进深 6m，层高 3m 的双分式楼梯。要求：定出合理的踏步、楼梯平台的尺寸，绘出底层平面、标准层平面及顶层平面图，图中要求标注必要的尺寸、不同楼层平面楼梯的上下行方向、剖断线及楼梯扶手。要求用铅笔工具绘制，比例 1∶50。

2. 请绘出某办公楼中公用卫生间的平面图,并布置卫生洁具。
   要求:(1) 设置前室,前室中应设盥洗池。
   (2) 均按蹲位设计,示意地漏位置。
   (3) 标注墙轴线尺寸。要求卫生洁具布置合理尺度较准确,卫生洁具可徒手绘制。
   (4) 铅笔工具表达,墙双线表示。比例1:50。

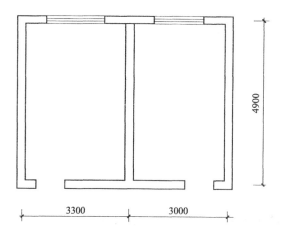

3. 现有一条式多层砖混结构住宅,住宅层高2.7m,楼梯间位于住宅北侧,室内外高差450mm,请根据多层住宅的功能要求,合理的设计出楼梯间,开间尺寸选用2400mm或2700mm,进深尺寸请选用5100mm或5400mm。要求:定出合理的踏步、楼梯平台的尺寸,绘出底层平面、标准层平面及顶层平面图,图中要求标注必要的尺寸、不同楼层平面楼梯的上下方向、剖断线及楼梯扶手。要求用铅笔工具绘制,比例1:50。

4. 图为一户住宅平面图，拟设计此户建筑面积为 60～70m²，请标注合理的尺寸，用铅笔工具绘制此平面图，并布置简单家具，卫生洁具和厨房设备。

　　成果要求：（1）平面图 1:100；
　　　　　　　（2）墙体双线表示，门窗表达正确，家具尺度合理；
　　　　　　　（3）图纸整洁清晰。

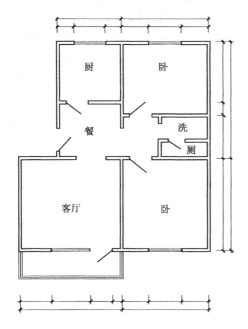

5. 某 5 层单元式住宅，层高 2.8m，楼梯间的开间 2.4m，进深 4.5m，底层为直跑（如图）。试计算楼梯间各部分尺寸，画出底层平面图、二层平面图及顶层平面图，标注必要的尺寸和标高。

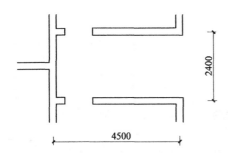

七、设计题

1. 根据所给条件，设计出旅馆的标准客房平面。要求在这一跨度内设计出两个相同的标准间。

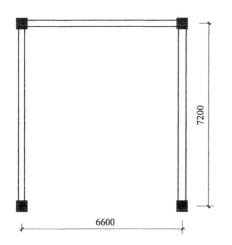

成果要求：（1）平面图1:100。
（2）墙体单线表示，标注门、主要墙体轴线间尺寸，布置卫生间内的主要洁具及客房内的简单家具。要求考虑到壁柜、管道线的设置。
（3）要求设计合理，表示清晰，2B铅笔徒手绘制。

2. 根据下列条件，设计出多层住宅中一户的平面图
条件：（1）建筑面积80~90m²/户
（2）户型：三室一厅

　　　　（3）大小卧室、客厅、厨房、卫生间等的面积自己确定，但要符合功能使用要求。
　　成果要求：（1）户型平面图 1∶50。
　　　　　　（2）图中要求示意单元楼梯间位置，入户门及房间门，注明房间名称，标注开间、进深尺寸及指北针；可不布置家具。
　　　　　　（3）要求方案合理，功能齐全，表达清晰。
　　　　　　（4）用2B铅笔徒手绘制表达，单线条表示墙体。

　　3. 今有普通教室（45座位）其平面轴线尺寸为：6600mm×9900mm，砖混结构墙厚240mm。试设计布置教室的门、窗位置、大小，布置黑板、桌椅、走道位置，应满足教室中视、听活动和通行方面要求。
　　成果要求：（1）平面图 1∶50。
　　　　　　（2）墙体双线表示，门窗正确表示，桌椅尺寸合理。
　　　　　　（3）图纸整洁清晰，应标注必要尺寸。

　　4. 请设计出某幼儿园中的一个幼儿活动单元。内容：活动室60m^2左右，卧室60m^2左右，卫生间12~15m^2，衣帽间6m^2左右，储藏室15m^2左右。

成果要求：（1）幼儿单元平面图 1∶100。

（2）图中要求示意门、窗，注明房间名称，标注开间、进深尺寸及指北针；卫生间布置洁具。

（3）要求方案合理，表达清晰；用 2B 铅笔徒手绘制表达，单线条表示墙体。

第三章 建筑剖立面设计

【知识要点】

1. 建筑层数的确定要综合考虑使用要求、结构、材料及施工技术的影响，城市规划及基地环境的影响，建筑防火要求及经济等条件。

2. 层高与净高的确定应考虑使用功能、采光通风、结构类型、设备布置、空间比例、经济等主要因素影响。

3. 建筑的空间组合主要考虑房间高度，常见的有单层、多层与高层、错层与跃层的空间组合形式。

4. 在设计中充分利用空间，不仅可以起到增加使用面积和节约投资的作用，而且处理得好，还能丰富室内的空间艺术效果。一般处理手法有：利用夹层空间、房间上部空间、楼梯间及走廊空间、墙体空间等。

5. 建筑体形和立面设计是建筑设计的重要组成部分，是建筑物美观属性的重要体现。

6. 建筑体形与立面设计主要应考虑建筑的性格特征：物质技术条件、环境与规划、形式美的规律及建筑经济等问题。

7. 形式美的规律主要体现为多样性的统一，具体表现为用简单几何体来统一，均衡与稳定，对比与微差，韵律与节奏，主从与重点，比例与尺度。

8. 建筑体形组合主要分对称与不对称两种；体形连接方式有对接、咬接、连接体和连廊连接。立面设计主要是正确处理比例与尺度，韵律与节奏，虚实凸凹的对比，材料色彩和质感配置，重点与细部处理。

【练习题】

一、单项选择题

1. 在多层住宅设计中为了安全，阳台栏杆高度不应低于（　　）
   A. 1.35m　　　　　　　　　　B. 1.20m
   C. 1.05m　　　　　　　　　　D. 0.90m

2. 建筑物的层高是指（　　）
   A. 房屋吊顶到地面的距离。
   B. 建筑物上、下两层楼（地）面间的距离。
   C. 建筑上层梁底到下层楼（地）面间的距离。
   D. 建筑上层板底到下层楼（地）面间的距离。

3. 住宅的使用面积是（　　）
   A. 居住面积减去结构面积。　　　B. 建筑面积减去辅助面积。
   C. 建筑面积减去结构面积。　　　D. 居住面积加上辅助面积。

4. 学校合班教室的地面起坡或阶梯地面的视线升高值一般为（   ）
    A. 100mm   B. 120mm
    C. 150mm   D. 180mm

5. 场地内可供机车行驶的道路应满足一定的技术要求，尽端式单车道通路的长度不宜大于（   ），尽端须设置不少于12m×12m的回车场地。
    A. 120m   B. 150m
    C. 180m   D. 200m

6. 在建筑面积与基地面积比值是一定的条件下，正确的是（   ）
    A. 建高层会增大建筑密度   B. 建高层可以扩大绿化用地
    C. 建低层会减小建筑密度   D. 建低层可以扩大绿化用地

7. 阳台、浴厕、厨房等的地面标高较其他房间地面标高约低（   ）
    A. 5～10mm   B. 10～20mm
    C. 20～50mm   D. 30～60mm

8. 在未设自动灭火设备的二类高层民用建筑中，防火分区最大的建筑面积为（   ）
    A. 1000m²   B. 1500m²
    C. 2000m²   D. 3000m²

9. 公共建筑主要出入口处的台阶每一级高度一般不超过（   ）
    A. 150mm   B. 160mm
    C. 170mm   D. 300mm

10. 某建筑层高3m，预应力楼板厚120mm，梁高600mm，那么二层的地面标高为（   ）
    A. ±0.000   B. 3.000
    C. 3.120   D. 3.720

11. 在没有特殊要求的普通房间中，窗台高度一般取（   ）
    A. 500～600mm   B. 900～1000mm
    C. 1000～1200mm   D. 无高度限制

12. 在建筑设计中如屋顶要求为上人屋面，那么屋顶外墙形式应为（   ）
    A. 挑檐   B. 女儿墙
    C. 坡屋顶   D. 水泥缸砖屋面

13. 影剧院观众厅顶棚的形状应尽量避免采用（   ），以避免产生声音的聚焦。
    A. 斜面   B. 凹曲面
    C. 凸面   D. 平面

14. 一般情况下，室内最小净高应使人举手不接触到顶棚为宜，为此，房间净高不应低于（   ）
    A. 2.4m   B. 2.2m
    C. 2.1m   D. 2m

15. 一般民用建筑窗台高度考虑略高于桌面高度，低于人坐下时的视平线高度，常取（   ）
    A. 700mm   B. 800mm
    C. 900mm   D. 1100mm

16. 对于大量性民用建筑来说，室内外高差通常取（　　）
    A. 300～600mm   B. 400～500mm
    C. 100～300mm   D. 500～800mm

17. 幼儿园、托儿所建筑层数分别不应超过（　　）层。
    A. 2、4   B. 3、5
    C. 3、3   D. 3、2

18. 建筑立面中的（　　）可作为尺度标准，建筑整体与局部与它相比较，可获得一定的尺度感。
    A. 窗户、栏杆   B. 踏步、栏杆
    C. 踏步、雨篷   D. 窗户、檐口

19. 亲切尺度是将建筑的尺寸设计得（　　）实际需要，使人感觉亲切，舒适。
    A. 等于   B. 小于
    C. 大于   D. 等于或小于

20. 根据建筑功能要求，（　　）采用以虚为主的处理手法。
    A. 体育馆   B. 剧场
    C. 纪念馆   D. 博物馆

21. 立面处理采用水平线条的建筑物显得（　　）
    A. 雄伟庄严   B. 严肃庄重
    C. 轻快舒展   D. 挺拔高大

22. 建筑物视觉中心部位常选择（　　）
    A. 窗户   B. 阳台
    C. 建筑入口   D. 檐口

二、多项选择题

1. 由于阳台外露，为防止雨水从阳台泛入室内，设计时要求（　　　　）
    A. 将阳台地面标高低于室内地面20～30mm。
    B. 在阳台一侧栏杆下设排水孔。
    C. 阳台地面用水泥砂浆做出排水坡，将水导入排水孔。
    D. 在阳台栏杆下多设几个排水孔。
    E. 用防水材料铺设地面。

2. 在住宅设计中用下列哪种方法可做到有效节约土地（　　　　）
    A. 降低层高以减小建筑间距。
    B. 减少建筑层数，以减小建筑间距。
    C. 减小住宅进深，相应加大住宅面宽。
    D. 加大住宅进深，相应减小住宅面宽。
    E. 在建筑南面退台，以减小日照间距。

3. 某学校宿舍内为双层单人床，那么其宿舍层高可以是（　　　　）
    A. 3.0m   B. 3.1m
    C. 3.2m   D. 3.3m

E. 3.25m

4. 在比例为 1:100 的建筑剖面图上绘制楼梯时，必须要绘出的部分是（　　　　）
   A. 扶手　　　　　　　　　　　　B. 平台梁
   C. 防滑条　　　　　　　　　　　D. 剖断线
   E. 圈梁

5. 某教学楼楼梯形式为等跑，楼梯间底层休息平台标高为 1.800m，休息平台板厚 80mm，平台梁高 300mm，梁下要求过人。如不改变楼梯形式，那么一楼大厅最好下降（　　　）以达到目的？
   A. 300mm　　　　　　　　　　　B. 450mm
   C. 580mm　　　　　　　　　　　D. 680mm
   E. 780mm

三、填空题

1. 在高层建筑中，阳台栏杆以实多虚少为好，栏杆高度不宜低于_____m，外廊宜为_____式。

2. 对于托儿所、幼儿园等建筑，考虑到儿童的生理特点和安全同时为便于室内与室外活动场所的联系，其层数不应超过_____层。

3. _____和_____是决定房屋层数的基本因素。

4. 砖混结构的建筑是以_____或_____承重的梁板结构体系。

5. 多层和高层建筑多采用_____结构，_____结构或框架剪力墙结构体系。

6. 按《建筑设计防火规范》和《高层民用建筑设计防火规范》的规定三级耐火等级的民用建筑，最大许可层数为_____层。

7. 砖混结构的住宅在墙身截面积尺寸不变的情况下，随着层数的增加单方造价将_____。

8. 在建筑群体组合中，个体建筑的层数愈_____用地愈经济。

9. 当城市规划对建筑层数无特殊要求时，应以_____为主确定层数。

10. 一般情况下室内净高不应低于_____m。

11. 房间的净高应满足_____和_____要求，以保证房间必要的卫生条件。

12. 为符合建筑模数要求，层高通常以_____M 增值。

13. 建筑外部形象包括_____和_____两部分。

14. 形式美的根本是多样统一，即在_____，_____。

15. 根据均衡中心位置的不同，均衡可分为_____和_____两种形式。

16. 均衡是指建筑体形的_____之间保持平衡的一种美学特征，稳定是指建筑物_____之间的轻重关系。

17. 韵律常用手法有_____、_____、_____、_____。

四、名词解释

1. 层高

2. 净高

3. 均衡

4. 对比

5. 稳定

6. 微差

7. 韵律

8. 连续韵律

9. 渐变韵律

10. 交错韵律

11. 起伏韵律

12. 比例

13．尺度

14．自然尺度

15．夸张尺度

16．亲切尺度

五、简答题

1．房间高度的确定依据有哪些？

2．怎样确定房间的剖面形状？

3．确定建筑物的层高应考虑哪些因素？

4．不同高度的房间在空间组合中应如何处理？

5．建筑空间的利用有哪几种方法？

6. 房屋外部形象的设计要求是？

7. 建筑体形组合有几种方式？

8. 简述立面设计步骤。

9. 剖面设计的主要内容有哪些？

10. 影响房间剖面形状的因素主要有哪些?

11. 确定室内外高差应考虑哪些因素?

12. 如何确定建筑物的层数?

13. 建筑体型和立面设计应遵循哪些原则?

14. 统一与变化的基本手法有哪些?

15. 建筑物的比例与哪些因素有关?

16. 各体量间的联系和交接形式有哪些?各有何特点?

17. 立面有哪些构部件组合?

18. 立面设计的内容是什么?

19. 立面处理方法有哪些?

20. 建筑的色彩与质感处理应考虑哪些因素?

21. 在立面设计中,通常需要进行重点处理的部位有哪些?

六、绘图题

1. 绘制两个立面简图分别表示对称均衡和不对称均衡。

2. 绘制四个立面简图分别表示连续韵律、渐变韵律、交错韵律、起伏韵律。

3. 绘制平面简图表示体型组合中各体量之间的三种连接方法。

第四章 民用建筑构造概论

【知识要点】

1. 建筑构造是研究组成建筑各种构、配件的构造原理和构造方法的学科，是建筑设计不可分割的一部分。学习建筑构造的目的在于做建筑设计时能综合各种因素，正确选用建筑材料，提出符合坚固、经济、合理的最佳构造方案，从而提高建筑抵御自然界各种影响的能力，保证建筑物的使用质量，延长建筑物的使用年限。

2. 一座建筑物主要是由基础、墙或柱、楼板层及地坪、楼梯、屋顶及门窗等六大部分所组成。它们各处在不同的部位，发挥着各自的作用。但是一座建筑物建成后，其使用质量和耐久性能经受着各种因素的检验。影响建筑构造的因素包括外界环境因素、物质技术条件以及经济条件等。

3. 为使建筑物满足适用、经济、安全、美观的要求，在进行建筑构造设计时，必须注意满足使用功能要求，确保结构坚固、安全、适应建筑工业化需要，考虑建筑的经济、社会和环境的综合效益以及美观要求等构造设计的原则。

【练习题】

一、单项选择题

1. 一级建筑的耐久年限为（　　）年以上。
   A. 15　　　　　　　　　　B. 25
   C. 50　　　　　　　　　　D. 100

二、填空题

1. 建筑物的耐火极限是指_____或_____或_____或_____。

2. 建筑物是由_____、_____、_____、_____、_____、_____等六大部分组成的。

3. 建筑模数数列是指：_____、_____、_____、_____。

4. 建筑构造的设计原则是：_____、_____、_____、_____。

5. 导出模数分为：_____和_____。

6. 建筑按层数分，居住建筑：低层为_____、多层为_____、中高层为_____、高层为_____；公共建筑_____以上为高层（单层主体建筑除外）、_____为超高层。

7．基本模数 M＝_____。

8．构造设计是_____的继续和深入。

9．建筑的六大部分组成中，属于非承重构件的是_____。

10．建筑物最下部的承重构件是_____，它的作用是把房屋上部的荷载传给_____。

三、问答题

1．影响建筑构造的主要因素有哪些？

2．建筑物的构造由哪些部分组成？各部分作用如何？

3．房屋构造设计要遵循哪些原则？

第五章 基础与地下室

【知识要点】

1. 基础是建筑物与土壤层直接接触的结构构件，承受着建筑物的全部荷载，并均匀地传给地基。而地基则是承受建筑物由基础传来荷载的土壤层。基础是建筑物的组成构件，地基则不属于建筑物的组成部分。地基有天然地基与人工地基之分。

2. 室外设计地面至基础底面的垂直距离称为基础的埋深。当埋深大于5m时称深基础；小于5m时称浅基础；基础直接做到地表面上的称不埋基础。

3. 基础依所采用材料及受力情况的不同有刚性基础和非刚性基础之分；依其构造形式不同有条形基础、单独基础、片筏基础和箱形基础之分。

4. 地下室是建造在地表面以下的使用空间。由于地下室的外墙、底板受到地下潮气和地下水的侵袭，因此，必须重视地下室的防潮、防水处理。

5. 当地下水的常年水位和最高水位处在地下室地面以下，地下水未直接浸蚀地下室时，只需对墙体和地坪采取防潮措施。

6. 当设计最高地下水位处在地下室地面以上，地下室的墙身、地坪直接受到水的浸蚀。这时，必须对地下室的墙身和地坪采取防水措施。防水处理有柔性防水和防水混凝土防水两类。当前柔性防水以卷材防水运用最多。卷材防水又有内防水和外防水之分。外防水构造必须注意地坪与墙身交接处的接头处理，墙身防水层的保护措施以及上部防水层的收头处理。防水混凝土的防水措施多采用集料级配混凝土和外加剂混凝土两种。

【练习题】

一、填空题

1. 地基＿＿＿＿＿＿＿（是不是）建筑物的一部分。
2. 基础的埋置深度一般不应小于＿＿＿＿＿＿＿mm。
3. 砖砌体刚性角为＿＿＿＿＿＿＿、混凝土刚性角为＿＿＿＿＿＿＿。
4. 基础按构造形式分：＿＿＿＿＿＿＿、＿＿＿＿＿＿＿、＿＿＿＿＿＿＿、
＿＿＿＿＿＿＿、＿＿＿＿＿＿＿、＿＿＿＿＿＿＿。
5. 基础常用混凝土强度等级＿＿＿＿＿＿＿。
6. 浅基础＿＿＿＿＿＿＿m、深基础＿＿＿＿＿＿＿m。
7. 常见的人工地基加固法＿＿＿＿＿＿＿、＿＿＿＿＿＿＿、＿＿＿＿＿＿＿。
8. 当地下水位较高基础不能埋在最高水位以上时，宜将基础底面埋置在最低地下水位以下＿＿＿＿＿＿＿。
9. 基础应埋在冰冻线以下＿＿＿＿＿＿＿。
10. ＿＿＿＿＿＿＿是建筑物的重要组成部分，它承受建筑物的全部荷载，并将它

们传给_____。

11. 地基分为_____和_____两大类。

12. 当地下水的常年水位和最高水位_____时,且地基范围内无形成滞水可能时,地下室的外墙和板底应做防潮处理。

13. 当地基土有冻胀现象时,基础应埋在_____约200mm的地方。

二、单项选择题

1. 地基土质均匀时,基础应尽量浅埋,但最小埋深应不小于（ ）
   A. 300mm   B. 500mm
   C. 800mm   D. 1000mm

2. 砖基础为满足刚性角的限制,其台阶的允许宽高之比应为（ ）
   A. 1:1.2   B. 1:1.5
   C. 1:2   D. 1:2.5

3. 当地下水位很高,基础不能埋在地下水位以上时,应将基础底面埋置在（ ）,从而减少和避免地下水的浮力和影响等。
   A. 最高水位200mm以下   B. 最低水位200mm以下
   C. 最高水位200mm以上   D. 最低水位200mm以上

4. 砖基础采用等高式大放脚的做法,一般为每两皮砖挑出（ ）的砌筑方法。
   A. 1皮砖   B. 3/4砖
   C. 1/2砖   D. 1/4砖

5. 地下室的卷材外防水构造中,墙身处防水卷材须从底板上包上来,并在最高设计水位（ ）处收头。
   A. 以下300mm   B. 以上300mm
   C. 以下500~1000mm   D. 以上500~1000mm

三、名词解释

1. 地基

2. 基础

3. 天然地基

4. 人工地基

5．基础埋置深度

6．刚性基础

7．柔性基础

8．单独基础

9．条形基础

10．箱形基础

11．刚性角

12．全地下室

13．半地下室

四、问答题

1．建筑物基础的作用是什么？地基与基础有何区别？

2．何谓基础埋置深度？主要考虑了哪些因素？

3. 基础按构造形式不同分为哪几种？各自的适用范围是什么？

4. 地下室何时需做防潮处理？

5. 地下室何时需做防水处理？

6. 确定地下室防潮或防水的依据是什么？

7. 地下室卷材外防水的层数是如何确定的？

8. 当地下室的底板和墙体采用钢筋混凝土结构时，可采取何措施提高防水性能？

第六章 墙

【知识要点】

1. 墙是建筑物空间的垂直分隔构件,起着承重和围护作用。它依受力性质的不同有承重墙和非承重墙之分;依所组成材料的不同有砖墙、石墙、土墙、混凝土墙以及砌块墙之分;因此,作为墙体必须满足结构、保温、隔热、隔声、防火以及适应工业化生产的要求。

2. 墙以砖墙为本章重点。砖墙是以砂浆为胶结料,按一定的规律将砖块进行有机组合的砌体。其主要材料是砖和砂浆。墙体有实体墙和空斗墙的区别。墙体的细部构造重点在门窗过梁、窗台、勒脚、明沟与散水、变形缝、墙身的加固以及防火墙等部分。

3. 隔墙一般是指分隔房间的非承重墙。常见的有块材隔墙、轻骨架隔墙和板材隔墙等。

4. 墙面装修是保护墙体、改善墙体使用功能、增加建筑物美观的一种有效措施。依部位的不同可分为外墙装修和内墙装修两类;依施工方式的不同,又可分为抹灰类、贴面类、涂刷类、裱糊类和铺钉类等五类。

【练习题】

一、单项选择题

1. 半砖隔墙在墙体高度超过( )m 时应加固。
A. 1　　　　　　　　　　　　B. 2
C. 5　　　　　　　　　　　　D. 10

2. 当屋顶是挑檐外排水时,其散水宽度应为( )。
A. 300~500mm　　　　　　　B. 600~1000mm
C. 挑檐宽度减 200mm　　　　D. 挑檐宽度加 200mm

3. 当室内地面垫层为碎砖或灰土材料时,其水平防潮层的位置应放在( )。
A. 平齐或高于室内地面面层　　B. 垫层范围以下
C. 室内地面以下 -0.06m 处　　D. 垫层高度范围内

4. 防火墙应直接设置在基础或混凝土框架上,并应分别高出非燃烧体、燃烧体或难燃烧体层面不小于( )。
A. 200、200　　　　　　　　B. 400、500
C. 200、400　　　　　　　　D. 800、1000

5. 等高屋面变形缝在缝的两边屋面板上砌半砖厚矮墙,矮墙高度应( )。
A. >180mm　　　　　　　　B. >240mm
C. >250mm　　　　　　　　D. >120mm

6. 承重墙的最小厚度为( )。

A. 370mm B. 240mm
C. 180mm D. 120mm

7. 18砖墙、37砖墙的构造尺寸分别为（　　）。
   A. 180mm、360mm B. 185mm、365mm
   C. 178mm、365mm D. 180mm、365mm

8. 住宅、宿舍、旅馆、办公室等小开间建筑适宜采用（　　）方案。
   A. 横墙承重 B. 纵墙承重
   C. 纵横墙承重 D. 墙框混合承重

9. 当室内地面垫层为碎砖或灰土等透水性材料时其水平防潮层的位置应设在（　　）。
   A. 室内地面标高±0.000处 B. 室内地面以下－0.060处
   C. 室内地面以上＋0.060处 D. 室内地面以上＋0.600以上

10. 在墙体设计中，为简化施工，避免砍砖，凡墙段长度在1.5m以内时，应尽量采用砖模即（　　）。
    A. 60mm B. 120mm
    C. 240mm D. 125mm

11. 钢筋砖过梁净跨适宜的尺度，不宜超过的尺度分别如（　　）。
    A. ≤1.5m、2m B. ≤2.0m、3m
    C. ≤1.8m、3m D. ≤2.0m、2.5m

12. 混凝土过梁在洞口两侧伸入墙内的长度应不小于（　　）。
    A. 120mm B. 180mm
    C. 200mm D. 240mm

13. 圈梁遇洞口中断时，所设的附加圈梁与原有圈梁的搭接长度应满足（　　）。
    A. ≤附加圈梁与原有圈梁垂直距离的2倍且≤1000mm
    B. ≥附加圈梁与原有圈梁垂直距离的2倍且≥1000mm
    C. ≥附加圈梁与原有圈梁垂直距离的1.5倍且≥500mm
    D. ≥附加圈梁与原有圈梁垂直距离的4倍且≥1500mm

14. 墙体中构造柱的最小断面尺寸为（　　）。
    A. 120mm×180mm B. 180mm×240mm
    C. 200mm×300mm D. 240mm×370mm

15. 在墙体设计中，其自身重量由楼板或梁承担的墙为（　　）。
    A. 横墙 B. 窗间墙
    C. 隔墙 D. 承重墙

16. 普通黏土砖的规格为（　　）。
    A. 240mm×115mm×53mm B. 240mm×120mm×60mm
    C. 240mm×110mm×55mm D. 240mm×115mm×55mm

17. 半砖墙的实际厚度为（　　）。
    A. 110mm B. 115mm
    C. 120mm D. 125mm

18. 18砖墙的实际厚度为（　　）。

A. 175mm B. 178mm
C. 180mm D. 185mm

19. 当门窗洞口上部有集中荷载作用时，其过梁应选用（　　）。
A. 平拱砖过梁 B. 弧拱砖过梁
C. 钢筋砖过梁 D. 钢筋混凝土过梁

20. 砖砌挑窗台，挑出尺寸一般为（　　）。
A. 60mm B. 100mm
C. 120mm D. 240mm

21. 墙体按受力情况分为（　　）。
带圆圈序号为：①山墙　②内墙　③非承重墙　④承重墙　⑤空体墙
A. ①④⑤ B. ②⑤
C. ③④ D. ②③

22. 半砖隔墙的顶部与楼板相接处应采用（　　）方法。
A. 立砖斜砌 B. 抹水泥砂浆
C. 半砖顺砌 D. 浇细石混凝土

23. 当采用（　　）做隔墙时，可将隔墙直接设置在楼板上。
A. 黏土砖 B. 空心砌块
C. 混凝土墙板 D. 轻质材料

24. （　　）、变形缝要求从基础到屋顶全部断开。
A. 伸缩缝 B. 沉降缝
C. 防震缝 D. 分仓缝

25. 伸缩缝的宽度一般为（　　）。
A. 20～30mm B. 6～10mm
C. 50～70mm D. 70～80mm

二、填空题

1. 墙体按其施工方法不同可分为＿＿＿＿＿＿、＿＿＿＿＿＿和＿＿＿＿＿＿等三种。

2. 我国标准黏土砖的规格为＿＿＿＿＿＿＿＿＿＿＿＿。

3. 砂浆种类有＿＿＿＿＿＿、＿＿＿＿＿＿、＿＿＿＿＿＿和黏土砂浆等，其中潮湿环境下砌体采用的砂浆为＿＿＿＿＿＿，广泛用于民用建筑的地上砌筑的砂浆是＿＿＿＿＿＿。

4. 墙体的承重方案有＿＿＿＿＿＿、＿＿＿＿＿＿、＿＿＿＿＿＿和墙柱混合承重等。

5. 散水的宽度一般为＿＿＿＿＿＿，当屋面为自由落水时，应比屋檐挑出宽度大＿＿＿＿＿＿。

6. 当墙身两侧室内地面标高有高差时，为避免墙身受潮，常在室内地面处设＿＿＿＿＿＿，并在靠土壤的垂直墙面设＿＿＿＿＿＿。

7. 常用的过梁构造形式有＿＿＿＿＿＿、＿＿＿＿＿＿和

_____三种。

8. 混凝土圈梁宽度宜与_____相同，高度不小于_____，且应与砖模相协调，混凝土强度等级不低于_____。

9. 墙体的三种变形缝为_____、_____和_____。

10. 隔墙按其构造方式不同常分为_____、_____和_____。

11. 按材料及施工方式不同分类，墙面装饰可分为_____、_____、_____、_____和_____等五大类。

12. 抹灰类装饰按照建筑标准分为三个等级即_____、_____和_____。

13. 涂料按成膜物不同可分为_____和_____两大类。

14. 在墙承重的房屋中，墙既是承重结构，又是_____构件。

15. 圈梁有钢筋混凝土和_____圈梁。

16. 钢筋混凝土过梁搭入洞口两侧墙内长度应不小于_____mm。

17. 钢筋砖过梁高度不少于_____皮砖且不小于门窗洞口宽度的1/4。

18. 钢筋混凝土圈梁高度一般为_____。

19. 墙按构造形式分为_____、_____、_____。

20. 散水坡度不小于_____。

21. 多孔板在墙上搁置长度不小于_____梁上不少于_____。

22. 饰面装修的作用_____、_____、_____。

23. 饰面装修基层可分为_____、_____。

24. 建筑物主要装修部位有_____、_____、_____。

25. 外墙面装修可分为_____、_____、_____、_____，内墙面装修可分为_____、_____、_____、_____、_____。

26. 抹灰分层分_____、_____、_____三层。

27. 吊顶一般由_____、_____、_____、_____。

28. 圈梁遇洞口中断，所设的附加圈梁的搭接长度应满足_____。

三、名词解释

1. 承重墙

2. 自承重墙

3. 隔墙

4. 横墙承重

5. 纵墙承重

6. 刚性基础

7. 墙柱混合承重

8. 勒脚

9. 明沟

10. 散水

11. 过梁

12. 圈梁

四、问答题

1. 墙体设计要求有哪些？

2. 墙的作用是什么？

3. 墙体的组砌方法如何？

4. 普通黏土砖墙的砖模尺寸与建筑模数是否一致？如何协调二者关系？

5. 墙体的保温措施有哪些？

6. 墙体的隔声能力主要取决于哪些方面？

7. 墙身防潮层的作用是什么？水平防潮层的位置如何确定？

8. 窗洞口上部过梁的常用做法有哪几种？各自的适用范围是什么？

9. 过梁的作用是什么？

10. 砖砌平拱过梁的构造要点是什么？

11. 窗台的构造及设计要点是什么?

12. 散水的作用是什么?散水的宽度如何确定?散水的坡度多大?

13. 什么时候采用明沟排水?什么时候采用散水?

14. 什么叫勒脚?勒脚的作用是什么?常用的做法有哪几种?

15. 墙面装修的作用及类型是什么?

16. 什么是抹灰类墙面装修?有哪些构造层次?各层的作用及作法是什么?

17. 什么是贴面类墙面装修？常见贴面类装修有哪些？

18. 什么是涂料类墙面装修？涂料施涂方法有哪些？

19. 一般抹灰墙面如何分级？

20. 什么叫装饰抹灰？水刷石、斩假石、水磨石墙面的构造？

21. 圈梁的位置、数量如何确定？

22. 确定墙体厚度主要考虑哪些因素？

23. 常见墙的厚度有哪些规格？其名义厚度和构造厚度分别是多少？

24. 圈梁的作用有哪些？设置原则主要有哪些？

25. 构造柱的作用、位置、做法如何？

26. 构造柱的构造要点有哪些？

27. 简述1/2砖隔墙构造要点。

28. 简述加气混凝土砌块隔墙构造要点。

五、绘图题

1. 图示说明散水与勒脚的做法。

2. 用图示例水平防潮层的三种做法。

3. 用图示例钢筋砖过梁的构造要点。

4. 用图示例圈梁遇洞口需断开时,其附加圈梁与原圈梁间的搭接关系。

5. 用图示例三种变形缝的构造做法。

6. 用图示例木骨架隔墙及金属骨架隔墙的构造做法。

第七章 楼 地 层

【知识要点】

1. 楼板是多层建筑中分隔楼层的水平构件。它承受并传递楼板上的荷载，同时对墙体起着水平支承的作用。它由面层、结构层和顶棚等部分组成。

2. 楼板依所用材料不同有木楼板、砖楼板、钢筋混凝土楼板等几种形式。钢筋混凝土楼板得到广泛的应用。

3. 钢筋混凝土楼板依施工方式不同有现浇钢筋混凝土楼板、预制装配式钢筋混凝土楼板和装配整体式钢筋混凝土楼板。

4. 现浇钢筋混凝土楼板有板式楼板、肋梁式楼板、井式楼板、无梁楼板和压型钢板组合楼板。

预制钢筋混凝土楼板有预制实心板、槽形板、空心板等几种类型。板的布置有板式结构和梁板式结构两种。在铺设预制板时，要求板的规格、类型愈少愈好，并应避免三面支承的板。当出现板缝差时，一般采用调整板缝、挑砖或现浇板带的办法解决。为了增加建筑的整体刚度，应对楼板的支座部分用钢筋予以锚固，并对板的端缝与侧缝进行处理。

5. 装配整体式钢筋混凝土楼板兼有现浇与预制的共同优点。近年来发展的叠合楼板具有良好的整体性和连续性，对结构有利。楼板跨度大、厚度小，结构自重亦可减轻。

6. 楼板层构造主要包括面层处理、隔墙的搁置、顶棚以及楼板的隔声等处理。隔墙在楼板上的搁置应以对楼板受力有利的方式处理为佳。

7. 顶棚有直接式顶棚和悬吊式顶棚之分，直接式顶棚又有直接喷、刷涂料或作抹灰粉刷或粘贴饰面材料等多种方式。

8. 楼板层的隔声应以对撞击声的隔绝为重点，其处理方式是楼面上铺设富有弹性的材料、作浮筑楼板和作吊顶棚等三种。

9. 地坪是建筑物底层房间与土壤相接触的水平结构部分，它将房间内的荷载传给地基。地坪由面层、垫层和基层所组成。

10. 地面是楼板层和地坪的面层部分。作为地面应具有坚固耐磨、不起灰、易清洁、有弹性、防火、保温、防潮、防水、防腐蚀等性能。地面依所采用材料和施工方式的不同，可分为整体类地面、块材类地面、卷材类地面和涂料地面。

11. 阳台有挑阳台、凹阳台、半挑半凹阳台等几种形式。阳台栏杆有漏空栏杆和实心栏板之分。其构造主要包括栏杆、栏板、扶手以及阳台的排水等处的细部处理。

12. 雨篷有板式和梁板式之分。构造重点在板面和雨篷板与墙体的防水处理。

【练习题】

一、填空题

1. 楼板按其所用的材料不同分为_____、_____、_____

_____等类型。

2. 楼板层的三个基本组成部分是_____、_____和_____。

3. 墙裙高度一般为_____。

4. 踢脚线高度为_____。

5. 次梁的经济跨度_____，主梁的经济跨度_____。

6. 楼板的类型主要有_____、_____、_____、_____。

7. 阳台的类型主要有_____、_____、_____。

8. 钢筋混凝土楼板按施工方法分_____。

9. 梁的截面形式有_____、_____、_____等。

10. 预制板在墙上搁置长度不小于_____，梁上搁置长度不小于_____。

11. 砂垫层属于_____垫层，水磨石地面应采用_____垫层。

12. 阳台挑出长度通常是_____，其地面低于室内地面_____，阳台栏杆高度一般不低于_____。

二、单项选择题

1. 板在排列时受到板宽规格的限制，常出现较大的剩余板缝，当缝宽小于等于120mm时，可采用（　　）处理方法。
   A. 用水泥砂浆灌实　　　　　　　B. 在墙体中加钢筋网片再灌细石混凝土
   C. 沿墙挑砖或挑梁填缝　　　　　D. 重新选板

2. 现浇水磨石地面常嵌固玻璃条（铜条、铝条）分隔，其目的是（　　）。
   A. 增添美观　　　　　　　　　　B. 便于磨光
   C. 防止石层开裂　　　　　　　　D. 石层不起灰

3. 空心板在安装前，孔的两端常用混凝土或碎砖块堵严，其目的是（　　）。
   A. 增加保温性　　　　　　　　　B. 避免板端被压坏
   C. 增加整体性　　　　　　　　　D. 避免板端滑移

4. 预制板侧缝间灌筑细石混凝土，当缝宽大于（　　）时，须在缝内配纵向钢筋。
   A. 200mm　　　　　　　　　　　B. 100mm
   C. 50mm　　　　　　　　　　　　D. 30mm

5. 为排除地面积水，地面应有一定的坡度，一般为（　　）。
   A. 1%～1.5%　　　　　　　　　　B. 2%～3%
   C. 0.5%～1%　　　　　　　　　　D. 3%～5%

6. 吊顶的吊筋是连接（　　）的承重构件。
   A. 主搁栅和屋面板或楼板等　　　B. 主搁栅与次搁栅
   C. 主搁栅和屋面层　　　　　　　D. 次搁栅与面层

7. 当首层地面垫层为柔性垫层（如砂垫层、炉渣垫层或灰土垫层）时，可用于支承（　　）面层材料。
  A. 瓷砖   B. 硬木拼花板
  C. 陶瓷锦砖   D. 黏土砖或预制混凝土块

三、名词解释

1. 板式楼板

2. 无梁楼板

3. 整体地面

4. 块材地面

5. 卷材地面

6. 涂料地面

7. 顶棚

8. 直接式顶棚

9. 散水

10. 吊顶

11. 雨篷

四、简答题

1. 简述水磨石地面的构造要点。

2. 地板按构造形式不同分为哪几种？各自的特点、适用范围？

3. 举例说明吊顶棚中吊筋的固定方法。

4. 楼地层的作用是什么？设计楼（地）面有何要求？

5. 现浇钢筋混凝土楼板有哪些类型？有什么特点？适用范围是什么？

6. 楼地层各由哪些构造层次组成？各层次的作用是什么？

7. 楼地层的要求有哪些？

8. 预制钢筋混凝土楼板的特点是什么？常用的板型有哪几种？

9. 现浇钢筋混凝土肋梁板中各构件的构造尺寸范围是什么？

10. 简述实铺木地面的构造要点。

11. 装配式钢筋混凝土楼板有哪些类型？

12. 装配式钢筋混凝土楼板的支承梁有哪些形式？采用何种形式可以减少结构高度？

13. 装配式楼板的接缝形式有哪些？缝隙如何处理？

14. 排预制板时，板与房间的尺寸出现差额如何处理？

15. 楼板在墙上与梁上的支承长度如何？

16. 什么叫装配整体式楼面？什么叫叠合楼板？

17. 楼地面分为哪几类？哪些地面是整体式地面，哪些地面是块料地面？

18. 水泥地面与水磨石地面的构造如何？

19. 水磨石地面的分格作用是什么？分格材料有哪些？

20. 说明提高楼地面的隔声能力的措施有哪些？

21. 阳台的类型如何？阳台的设计要求有哪些？

22．阳台按结构形式分为几类？

23．阳台栏杆或栏板有哪些构造要求？与阳台地面如何连接？

24．雨篷的构造要点是什么？

25．如何处理阳台、雨篷的排水与防水？

五、绘图题

1．用图示例楼板层和地坪层的构造组成。

2. 用图示例现浇水磨石地面的构造层次及做法。

3. 用图示例空心板与墙之间的位置关系。

4. 用图示例空铺和实铺木地板的构造层次及做法。

5. 举例说明直接式顶棚构造做法。

6. 举例说明悬吊式顶棚构造做法。

第八章 楼 梯

【知识要点】

本章着重讲述了楼梯、室外台阶与坡道、电梯三部分内容。

1. 楼梯是建筑物中重要的交通联系构件。它布置在楼梯间内,由楼梯段、平台和栏杆组成。

2. 楼梯段和平台的宽度应按人流股数确定,且应保证人流和货物的顺利通行。楼梯段应根据建筑物的使用性质和层高确定其坡度,一般最大坡度不超过45度。梯段坡度与楼梯踏步密切相关,而踏步尺寸又与人行步距紧密相连。

3. 楼梯的净高在平台部位应大于2m;在梯段部位应大于2.2m,在平台下设出入口时,当净高不足2m,可采用长短跑或利用室内外地面高差将室外的踏步移到室内等办法予以解决。

4. 钢筋混凝土楼梯有现浇式和预制装配式之分,现浇式楼梯可分为板式梯段和梁板式梯段两种结构形式,而梁板式梯段又有双梁布置和单梁布置之分。

5. 中、小型楼梯的预制构件可分为预制踏步和预制楼梯斜梁两种。预制踏步有实心三角形、空心三角形、L形和一字形踏步板等形式。预制斜梁有一字形梯梁和锯齿形梯梁,其构造方式有墙承式和梁承式两种。大型装配式楼梯梯段板常为一个构件,平台与平台梁合为一个构件,梯段板有板式和梁板式之分。

6. 楼梯的细部构造包括踏面处理、栏杆与踏步的连接方式以及扶手与栏杆的连接等。

7. 室外台阶与坡道是建筑物入口处解决室内外地面高差、方便行人进出的辅助构件,其平面布置形式有单面踏步式、三面踏步式、坡道式和踏步、坡道结合方式之分。构造方式又依其所采用材料的不同而又不同。

8. 电梯是高层建筑的主要交通工具。由轿厢、电梯井道及运载设备等三部分构成。其细部构造包括厅门的门套装修、厅门牛腿的处理、导轨撑架与井壁的固结处理等。

【练习题】

一、填空题

1. 楼梯主要由_____、_____和_____三部分组成。

2. 每个楼梯段的踏步数量一般不应超过_____级,也不应少于_____级。

3. 楼梯按其材料可分为_____、_____和_____等类型。

4. 楼梯平台按位置不同分_____平台和_____平台。

5. 中间平台的主要作用是＿＿＿＿＿＿和＿＿＿＿＿＿。
6. 钢筋混凝土楼梯按施工方式不同，主要有＿＿＿＿＿＿和＿＿＿＿＿＿两类。
7. 现浇钢筋混凝土楼梯按梯段的传力特点不同，有＿＿＿＿＿＿和＿＿＿＿＿＿两种类型。
8. 楼梯的净高在平台处不应小于＿＿＿＿＿＿，在梯段不应小于＿＿＿＿＿＿。
9. 楼梯平台深度不应小于＿＿＿＿＿＿的净宽度。
10. 楼梯栏杆扶手的高度是指＿＿＿＿＿＿至扶手上表面的垂直距离。一般室内楼梯的栏杆扶手高度不应小于＿＿＿＿＿＿。
11. 栏杆与梯段的连接方式主要有＿＿＿＿＿＿、＿＿＿＿＿＿和＿＿＿＿＿＿。
12. 楼梯踏步表面的防滑处理通常是在＿＿＿＿＿＿做＿＿＿＿＿＿。
13. 在预制踏步梁承式楼梯中，三角形踏步一般搁置在＿＿＿＿＿＿形梯梁上。L形和一字形踏步应搁置在＿＿＿＿＿＿形梯梁上。
14. 楼梯栏杆扶手高度一般为＿＿＿＿＿＿左右。
15. 室外台阶踏面宽为＿＿＿＿＿＿，踢面高为＿＿＿＿＿＿。
16. 楼梯平台分为＿＿＿＿＿＿和＿＿＿＿＿＿平台，深度＿＿＿＿＿＿梯段宽度。
17. 电梯主要由＿＿＿＿＿＿、＿＿＿＿＿＿和＿＿＿＿＿＿等三部分组成。

二、单项选择题

1. 办公楼建筑楼梯的踏步常用的是（　　）。
   A. 150mm×250mm B. 150mm×300mm
   C. 175mm×300mm D. 175mm×350mm
2. 楼梯在梯段处的净空高度为（　　）。
   A. 大于等于1.8m B. 大于等于1.9m
   C. 大于等于2m   D. 大于等于2.2m
3. 用于搁置三角形断面踏步板的梯段斜梁常用（　　）断面形式。
   A. 矩形   B. L形
   C. T形   D. 锯齿形
4. 当楼梯在平台上有管道井处，不宜布置（　　）。
   A. 平板   B. 空心板
   C. 槽形板   D. T形板
5. 预制装配悬臂式钢筋混凝土楼梯，踏步板悬挑长度一般（　　）。
   A. 不大于1.2m   B. 不大于1.5m
   C. 不大于1.8m   D. 不大于2m
6. 楼梯踏步上设置防滑条的位置应靠近踏步阳角处，防滑条应突出踏步面（　　）。

A. 2~3mm B. 2~5mm
C. 2~4mm D. 3~4mm

7. 在设计楼梯扶手时，其宽度应为（　　）。
A. 50~60mm B. 60~70mm
C. 60~80mm D. 80~100mm

8. 当上下行梯段齐步时，上下扶手在转折处同时向平台延伸（　　）使两扶手高度相等。
A. 半步 B. 一步
C. 一步半 D. 不伸向平台

9. 栏杆与梯段、平台连接时，为保护栏杆免受锈蚀和增强美观，常在栏杆下部装设（　　）。
A. 钢板 B. 木垫块
C. 套环 D. 混凝土垫块

10. 常见楼梯的坡度范围为（　　）。
A. 30°~60° B. 20°~45°
C. 45°~60° D. 30°~45°

11. 为防止儿童穿过栏杆空挡发生危险，栏杆之间的水平距离不应大于（　　）。
A. 100mm B. 110mm
C. 120mm D. 130mm

12. 在设计楼梯时，踏步宽 b 和踏步高 h 的关系式是（　　）。
A. $2h+b=600\sim620$mm B. $2h+b=450$mm
C. $h+b=600\sim620$mm D. $2h+b=500\sim600$mm

13. 残疾人通行坡度一般采用（　　）。
A. 1:12 B. 1:10
C. 1:8 D. 1:6

14. 自动扶梯的坡度一般采用（　　）。
A. 10° B. 20°
C. 30° D. 45°

三、名词解释

1. 栏杆扶手的高度

2. 明步

3. 暗步

4．梯段净高

5．平台净高

四、简答题

1．楼梯是由哪几部分组成的？各部分的作用和要求是什么？

2．楼梯是如何分类的？常见的楼梯有哪些形式？

3．楼梯的坡度如何确定？踏步高与踏步宽与行人步距的关系如何？

4．一般民用建筑的踏步高与踏步宽的尺寸是如何限定的？在不增加梯段长度的情况下，如何加大踏步面宽？

5. 为什么楼梯平台的宽度常比楼梯宽度要大些？

6. 规定楼梯的净空高度有什么意义？尺寸是多少？

7. 当底层中间平台做通道而平台净空高度不满足要求时，常采用哪些办法解决？

8. 按施工方法钢筋混凝土楼梯可分为哪两类？各有什么优缺点？

9. 整浇的钢筋混凝土楼梯常见的结构形式有哪几种？各有什么特点？

10. 什么叫板式楼梯，什么是梁式楼梯？各用在什么情况下，它们有什么不同？

11. 装配式钢筋混凝土楼梯按构件的尺度不同大致可分为哪几类？有什么特点？

12．小构件装配式楼梯的预制踏步形式有哪几种？

13．预制踏步的支承结构一般有哪几种？简述其构造。

14．踏步的踏面做法如何？防滑条做法有哪些？

15．栏杆的构造如何？高度如何确定？作用如何？如何与楼梯固定？

16．金属栏杆与扶手如何连接？

17．栏板的构造如何？

18．台阶的构造如何？北方的台阶下如何设防冻层？

19. 坡道是如何防滑的？

20. 楼梯的首层、标准层与顶层平面图有何不同？

21. 楼梯起步和梯段转折处栏杆扶手如何处理？

22. 楼梯的作用及设计要求有哪些？

23. 楼梯坡度的表达方式有哪些？

24. 现浇钢筋混凝土楼梯有哪几种结构形式？各有何特点？

25. 预制踏步有哪几种断面形式和支承方式？

26. 栏杆与梯段如何连接？

27. 栏杆扶手在平行楼梯的平台转弯处如何处理？

28．室外台阶的构造要求是什么？通常有哪些做法？

29．电梯井道的构造要求有哪些？

30．简述楼梯的设计步骤。

五、绘图题

1．试绘局部详图表示三种踏步防滑条的构造做法。

2．试绘局部详图表示金属栏杆与梯段连接的一种做法。

3. 试绘局部详图表示金属栏杆与硬木扶手连接的一种做法。

4. 分别绘制局部平面简图和局部剖面简图表示栏杆扶手在平行楼梯的平台转弯处的两种处理方法。

第九章 屋 顶

【知识要点】

1．屋顶按外形分为平屋顶、坡屋顶和曲面屋顶。平屋顶的坡度小于1/12，坡屋顶的坡度大于1/12，曲面屋顶有多种，坡度随外形变化。屋顶按防水材料分为卷材防水屋面、刚性防水屋面、构件自防水屋面和瓦材防水屋面。

2．屋顶的设计应该满足排水防水、保温隔热、坚固耐久和造型美观等要求。

3．屋顶排水设计的主要内容有：屋面坡度的选择与形成，排水方式的选定，绘制屋面排水平面图。每个雨水口可负担约200m²的屋面排水，雨水管的间距取18～24m；檐沟纵向坡度取0.5%～1%。

4．卷材防水屋面适合于防水等级为一至四级的平屋顶。新型防水卷材常只需单层设防，其构造做法是防水层下需做找平层，上面应设保护层，非上人屋面常涂刷涂料，上人屋面须铺地面。保温层铺设在防水层以下时需加设隔气层；铺在以上时须选用不透水的保温材料。卷材防水屋面的细部构造对防水至关重要，包括泛水檐沟、雨水口、檐口、变形缝等。

5．混凝土刚性防水屋面多用于我国南方地区，为了防止开裂，常在防水层中加钢筋网片、设置分格缝等。分格缝应设在屋面板的支承处，屋面坡度转折处。分格缝的间距不大于6m。

6．瓦屋面的承重结构有屋架、檩条等。黏土平瓦屋面基层有冷摊瓦式，木望板式，挂瓦板式。波形瓦尤其是压型钢板瓦屋面具有广阔的应用前景。波形瓦多直接铺在檩条上，瓦材用螺钉固定。

7．平屋顶的保温层常铺设在结构层上，坡屋顶时可铺于瓦下或吊顶上。屋顶隔热降温的主要方法有：架空间层通风、蓄水降温、屋面种植、反射降温。

【练习题】

一、填空题

1．屋顶按坡度及结构造型不同分为_____、_____和_____三大类。

2．屋顶坡度的表示方法有_____、_____和_____三种。

3．屋顶坡度形成的方法有_____、_____两种。

4．屋顶排水方式分为_____、_____两类。

5．屋面天沟纵坡坡度不宜小于_____。天沟净宽不应小于_____。天沟上口至分水线的距离不小于_____。

6．平屋顶防水屋面按其防水层做法的不同可分为_____、_____、

_____、_____和_____等类型。

7. 平屋顶的保温材料的类型有_____、_____和_____三种。

8. 平屋顶保温层的做法有_____和_____两种方法。

9. 平屋顶的隔热通常有_____、_____、_____和_____等措施。

10. 山墙檐口按屋顶形式分为_____和_____两种做法。

11. 天沟及斜沟应有足够的断面积，其上口宽度不宜小于_____。

12. 坡屋顶的承重结构类型有_____、_____和_____三种。

13. 坡屋顶的平瓦屋面的纵墙檐口根据造型要求可做成_____和_____两种。

14. 坡屋顶的承重构件有_____和_____。

二、单项选择题

1. 我国现行的《屋面工程技术规范》（GB 50207—94）中，将屋面防水划分为（   ）个等级。
   A. Ⅲ   B. Ⅱ
   C. Ⅳ   D. Ⅴ

2. 卷材防水屋面适用于防水等级为（   ）的屋面防水。
   A. Ⅰ-Ⅱ级   B. Ⅰ-Ⅳ级
   C. Ⅰ-Ⅲ级   D. Ⅱ-Ⅳ级

3. 当屋面排水坡度为（   ）时，卷材平行于屋脊方向铺贴。
   A. ≤3%   B. ≥3%
   C. >15%   D. ≤5%

4. 卷材防水屋面泛水构造中，卷材铺贴高度为（   ）。
   A. ≥150mm   B. ≥200mm
   C. ≥250mm   D. 180mm

5. 刚性防水屋面主要用于防水等级为（   ）的屋面防水。
   A. Ⅱ级   B. Ⅲ级
   C. Ⅳ级   D. Ⅱ-Ⅲ级

6. 用细石混凝土作防水的刚性防水屋面，混凝土强度等级为（   ）。
   A. ≥C20   B. ≤C20
   C. ≤C10   D. ≥C10

7. 刚性防水屋面一般应在（   ）设置分隔缝。
   A. 防水屋面与立墙交接处   B. 纵横墙交接处
   C. 屋面板的支撑端，屋面转折处   D. 屋面板跨中处

8. 涂膜防水屋面中当采用二布三涂时，涂膜厚度一般应为（   ）。
   A. >2mm   B. >3mm

C. >4mm   D. >5mm

9. 材料找坡适用于坡度为（　　）以内，跨度不大的平屋顶。
   A. 3%   B. 5%
   C. 10%   D. 15%

10. 坡屋顶是指坡度大于（　　）的屋顶。
    A. 5%   B. 10%
    C. 30%   D. 45%

11. 单坡排水屋面宽度不宜超过（　　）。
    A. 18m   B. 15m
    C. 12m   D. 10m

12. 屋面排水分区的大小一般按一个雨水口负担（　　）屋面面积的雨水考虑。
    A. 100m²   B. 150m²
    C. 200m²   D. 300m²

13. 屋顶的坡度形成中材料找坡是指（　　）来形成的。
    A. 选用轻质材料找坡   B. 利用钢筋混凝土板的搁置
    C. 利用油毡的厚度   D. 利用水泥砂浆的找平层

14. 混凝土刚性防水屋面中，为减少结构变形对防水层的不利影响，常在防水层与结构层之间设置（　　）。
    A. 隔汽层   B. 隔声层
    C. 隔离层   D. 隔热层

15. 木望板平瓦屋面与冷摊瓦屋面的不同处在于（　　）。
    A. 可用于大坡度的坡屋顶中
    B. 增设了保温层
    C. 增设了一层油毡作为第二道防水层
    D. 椽条换成木望板

三、名词解释

1. 材料找坡

2. 结构找坡

3. 无组织排水

4. 有组织排水

5．外排水

6．内排水

7．柔性防水屋面（卷材防水屋面）

8．泛水

9．无组织排水挑檐

10．有组织排水挑檐

11．刚性防水屋面

12．正铺法保温屋面

13．倒铺法保温屋面

14．通风隔热屋面

15．蓄水隔热屋面

16．种植隔热屋面

17．反射降温屋面

18. 山墙承重

19. 屋架承重

20. 梁架承重

四、简答题

1. 屋顶的作用及设计要求有哪些?

2. 屋顶外形有哪些形式?

3. 影响屋顶排水坡度的因素有哪些？各种屋顶的排水坡度如何?

4. 什么叫坡屋顶？什么叫平屋顶?

5. 平屋顶有什么特点?

6. 油毡防水屋面的泛水、天沟、檐沟、雨水口等细部构造如何?

7. 简述刚性防水屋面的基本构造层次及作用?

8. 何谓分仓缝？为什么要设分仓缝？应设在什么部位？分仓缝应如何处理？

9. 刚性防水屋面的泛水、天沟、檐沟、雨水口的细部构造如何？

10. 什么叫无组织排水？什么叫有组织排水？

11. 什么情况下采用有组织排水？什么情况下采用有组织的外排水？什么情况下采用有组织的内排水？

12. 常见的有组织排水方案有哪些？

13. 简述屋面排水设计步骤。

14. 简述卷材防水屋面基本构造层次及作用。

15. 简述卷材防水屋面泛水构造要点。

16. 形成屋面坡度的方法有哪些？各有什么优缺点？

17. 有组织排水的檐口构造如何？

18. 保温材料有哪些？保温层常设于什么位置？

19. 平屋顶油毡防水屋面为什么要设隔气层？如何设置？

20. 平屋顶的隔热、降温构造有几种形式？

21. 屋顶坡度的表示方法有哪些？

22. 坡屋顶的基本组成部分是什么？它们的作用如何？

23. 坡屋顶的承重结构类型有哪几种？各自的适用范围是什么？

24. 坡屋顶的屋面做法有哪几种？

25. 平瓦屋面有几种做法？

26. 平瓦屋面的檐口、天沟、泛水、斜脊（斜沟）如何做？

27. 顶棚由哪几部分组成的，主次龙骨和吊筋的布置有何要求？

28. 坡屋顶如何解决保温隔热的问题？

83

五、绘图题

1. 绘图表示等高屋面变形缝的一种做法。

2. 绘图表示高低屋面变形缝的一种做法。

3. 绘制卷材防水屋面女儿墙泛水的一种做法。

4. 绘制一种有保温，不上人卷材防水屋面的断面构造简图，并注明各构造层次名称及材料做法。

5. 绘制刚性防水屋面横向分割缝的构造做法。

6. 绘图示意坡屋顶的隔热构造做法。

7. 绘制实铺平瓦屋面的一种构造做法。

8. 绘制钢筋混凝土板瓦屋面的一种构造做法。

第十章 门　　窗

【知识要点】

1. 木门窗框的安装方法尽管有先安框后砌墙（亦称立框法）和先留洞口后装框（亦称塞框法）两种，但前者已很少采用。

2. 木门窗框在墙洞口中的安装位置有内平、居中和外平等三种，其中内平应用最为广泛。

3. 木窗框由左右边框、上下框和中横中竖框等部件组成，木门框与窗类似，但一般不设下框。框断面因须安设窗扇及其他要求，常须在正面背面开设裁口、槽口和灰口，槽口一面填充防水材料，并进行防腐处理。

4. 木框与洞口墙的连接方法有四种：墙内预埋木砖、混凝土块，预留缺口，预埋螺栓和直接用钢筋钉等。

5. 木框与墙之间的缝隙处理有木压条、贴脸和装筒子板等。

6. 内开窗的下口和外开窗的上口易渗漏雨水，其防水措施是在适当部位设披水板、滴水槽、积水槽和排水孔。

7. 普通木门窗常采用 3mm 厚平板玻璃。

8. 木门窗各部件之间的连接靠卯榫。彩钢、铝合金和塑钢门窗则采用连接件固定。

9. 木门窗玻璃的安装用钉子和玻璃泥，彩钢等新型玻璃安装则用金属夹子和紧固件。

10. 彩钢等新型门窗框与墙体的连接方法是焊接、射钉和螺栓连接等。

11. 特殊门窗包括保温门窗、隔声门窗、防火门窗等。

12. 建筑遮阳是防止夏季室内过热的重要措施，窗口构件遮阳的形式有水平式、垂直式、综合式和挡板式四种。

【练习题】

一、填空题

1. 用塞口法安装门窗框时，应在洞口两侧墙上＿＿＿＿＿＿＿＿＿＿＿＿＿＿＿＿＿。

2. 门洞两侧砖墙上每隔＿＿＿＿＿＿＿＿＿＿高预埋木砖，以便将门框固定。

3. 门的高度一般不宜小于＿＿＿＿＿＿＿＿＿＿mm。

4. 门按安装形式可分为＿＿＿＿＿＿＿＿、＿＿＿＿＿＿＿＿。

5. 塞口门洞宽度应比门框大＿＿＿＿＿＿＿＿，高度比门框大＿＿＿＿＿＿＿＿。

6. 门的主要功能是＿＿＿＿＿＿＿＿，有时也兼起＿＿＿＿＿＿＿＿和＿＿＿＿＿＿＿＿的作用。窗的主要作用是＿＿＿＿＿＿＿＿、＿＿＿＿＿＿＿＿和＿＿＿＿＿＿＿＿。

7. 门窗按材料分类有_____、_____、_____和_____四种。

8. 木窗主要由_____、_____、_____和_____组成。

9. 窗洞口预埋木砖，应沿窗高每_____预留一块，但不论窗高尺寸大小，每侧均应不少于_____块。

10. 门的尺度应根据交通运输和_____要求设计。

11. 铝合金门窗安装时宜采用_____。

12. 木门框与墙之间的缝隙处理有_____、_____、_____三种方法。

二、单项选择题

1. 门窗口的宽度和高度均采用（　　）mm 的模数。
   A. 600　　　　　　　　　　B. 300
   C. 100　　　　　　　　　　D. 50

2. 为了减少木窗框靠墙一面因受潮而变形，常在木框背后开（　　）。
   A. 背槽　　　　　　　　　　B. 裁口
   C. 积水槽　　　　　　　　　D. 回风槽

3. 铝合金窗产品系列名称是按（　　）来区分的。
   A. 窗框长度尺寸　　　　　　B. 窗框宽度尺寸
   C. 窗框厚度尺寸　　　　　　D. 窗框高度尺寸

4. 一般民用建筑门的高度不宜小于（　　）mm。
   A. 2100　　　　　　　　　　B. 2200
   C. 2300　　　　　　　　　　D. 2400

5. 塑钢门窗框每边固定点不少于（　　）个。
   A. 5　　　　　　　　　　　　B. 4
   C. 3　　　　　　　　　　　　D. 2

6. 在木门框背后常设背槽，其目的是为了（　　）。
   A. 开启灵活　　　　　　　　B. 节约木材
   C. 避免产生翘曲变形　　　　D. 利于门扇的安装

7. 门窗洞口与门窗实际尺寸之间预留缝大小主要取决于（　　）。
   A. 门窗框的安装方法　　　　B. 门窗框的断面形式
   C. 门窗扇的安装方法　　　　D. 洞口两侧墙体的材料

8. 实腹式钢门窗料的规格 3201 中，数字 32 表示（　　）为 32mm。
   A. 料的断面高度　　　　　　B. 料的厚度
   C. 料的断面宽度　　　　　　D. 拼料间距

9. 钢门窗框安装均采用塞口方式，当为砖墙时，框与窗的连接是通过四周的（　　）伸入墙上的预留洞，用水泥砂浆锚固。
   A. 铁片　　　　　　　　　　B. 插筋

C. E 形铁脚   D. 燕尾铁脚

三、名词解释

1. 立口

2. 塞口

3. 羊角头

四、简答题

1. 简述门窗的作用和要求。

2. 简述门窗的分类有哪些？

3. 简述木平开窗的组成？窗框和窗扇的组成？

4. 确定窗的尺寸应考虑哪些因素？

5. 窗框在洞口中的位置怎么确定？窗框在墙上是如何固定的？

6. 窗上的玻璃为什么镶在窗的外面？

7. 为什么要用双层玻璃窗？双层玻璃窗为什么可以保温？

8. 简述内、外开窗的优缺点？

9. 门窗框与墙面之间的缝隙如何处理？

10. 简述木门的组成，门框和门扇的组成。

11. 确定门的尺寸应考虑哪些因素？

12. 常用门扇的类型有哪些？

13. 镶板门构造特点？

14. 夹板门构造特点？

15. 什么是弹簧门？为什么常用平开门？

16. 简述钢门窗的优缺点。空腹钢门窗与实腹钢门窗的区别是什么？

17. 简述钢门窗的安装方法。

18. 什么是组合窗？如何组合？

19. 遮阳有什么作用？基本形式有哪些？各自的特点是什么？

20. 门窗的构造设计应满足哪些要求？

21．木门窗框的安装方法有哪两种？各有何优缺点？

22．木门框的背面为什么要开槽口？

23．木门由哪几部分组成？

五、绘图题

1．用简图表示窗的开启方式有哪几种。

2．用简图表示门的开启方式有哪几种。

第十一章 变形缝及建筑抗震

【知识要点】

1. 变形缝是解决房屋由温度变化、不均匀沉降及地震等因素影响避免产生裂缝的一种措施,它通常包括伸缩缝、沉降缝、抗震缝。在建筑上设缝使构造复杂、造价增大,给设计和施工等带来一系列问题,如可采取其他措施加强房屋整体性,抵抗变形破坏,还是以不设缝最好。

2. 伸缩缝、沉降缝、抗震缝在设置条件、基础构造处理、缝宽、墙的构造处理等各方面均有所不同,学习时应注意它们的异同点。

3. 在建筑设计时应尽量三缝合一。并应满足防震要求和不均匀沉降要求。

4. 抗震设计是防止房屋地震破坏的重要措施,地震有构造地震、塌陷地震、火山地震。构造地震占地震总数的90%。

5. 衡量地震大小的指标有震级、烈度,而设计上常用基本烈度和设防烈度,应搞清楚它们的区别。

6. 抗震设防区建筑物,一定要遵守抗震设计的有关原则,震害特点是采取抗震构造措施的重要依据,有关的构造措施是提高建筑物抗震性能的重要手段。

【练习题】

一、简答题

1. 什么叫变形缝?它有哪几种类型?

2. 什么情况下建筑要设伸缩缝?设置伸缩缝的要求是什么?缝宽如何?

3. 什么情况下建筑要设防震缝？设置防震缝的要求是什么？缝宽如何？

4. 简述墙体三种变形缝的异同。

第二篇 工业建筑设计与构造

第十二章 工业建筑设计概述

【知识要点】
1. 工业建筑设计应满足生产工艺、建筑技术、建筑经济、卫生安全四个方面的要求。生产工艺是工业建筑设计的依据。
2. 工业建筑设计必须严格遵守《厂房建筑模数协调标准》和《建筑模数协调统一标准》的规定。
3. 生产工艺平面图的内容有：根据产品的生产要求所提出的生产工艺流程；生产设备和起重运输设备的类型、数量，工段划分，厂房建筑面积，生产对建筑设计提出的各项要求。这些都直接影响厂房的平面形状、柱网选择、门窗及天窗洞口尺寸、位置及窗扇开启方式、剖面形式、结构方案等。
4. 单层工业厂房的结构类型有承重墙承重结构和骨架承重结构两大类。
5. 厂房内部的起重运输设备主要是吊车，常采用单轨悬挂式吊车、梁式吊车和桥式吊车。

【练习题】

一、填空题

1. 工业建筑按层数划分，可分为_____厂房、_____厂房、_____厂房。
2. 工业建筑按生产状况分类，可分为_____、_____、_____、_____。
3. 工业建筑按用途分类，可分为_____、_____、_____、_____。
4. 单层工业厂房的结构支承方式有_____、_____两类。
5. 骨架结构体系由_____、_____或者说_____等承重构件组成，以承受各种荷载。
6. 骨架结构按材料可分为_____、_____、_____。
7. 单层工业厂房排架结构主要_____、_____和_____组成。
8. 横向排架由_____、_____、_____（屋面大

梁）组成，承受厂房的各种荷载。

9. 纵向连系构件包括_____、_____、_____、_____（或檩条）等。

10. 在单层工业厂房排架系统中，为了增强整体性、稳定性，在厂房之间的柱间设置了_____。

11. 单层工业厂房的外围护结构包括_____、_____、_____、_____、_____。

12. 常见的吊车有_____、_____、_____等三种。

二、名词解释

1. 工业建筑

2. 冷加工车间

3. 热加工车间

4. 恒温恒湿车间

5. 洁净车间

三、简答题

1. 简述工业建筑的特点。

2. 简述工业建筑设计的任务及要求。

3. 简述工业建筑的含义?

4. 简述单层和多层厂房的特点。

5. 厂房内部吊车的常见形式有哪些?

6. 工艺平面图的内容有哪些?

第十三章 单层工业厂房设计

【知识要点】

1. 生产工艺流程有直线式、往复式和垂直式三种形式。
2. 承重结构柱子在平面上排列所形成的网格称为柱网。柱网尺寸是根据生产工艺的特征、生产工艺流程、生产设备及其排列、建筑材料、结构形式、施工技术水平、地基承载能力及有利于提高建筑工业化等因素来确定的。
3. 横向定位轴线之间的距离称作柱距（变形缝除外），常采用 6m；纵向定位轴线间的距离称为跨度，常采用 9、12、15、18、24、30、36（m）。
4. 采用扩大柱网的屋顶承重结构有带托架和无托架两种类型。
5. 柱距采用扩大模数 60M 数列；当跨度小于等于 18m 时，采用扩大模数 30M 数列。
6. 扩大柱网的特点是：可以提高使用面积利用率；有利于布置设备和运输原材料及产品；能适应工艺变更及设备更新所提出的要求，从而提高通用性；减少构件数量，但增加构件重量；减少柱基础土石方工程量；综合经济效益显著。
7. 生活间与车间毗连的沉降缝处理，应明确生活间高于车间时，毗连墙属于生活间；生活间低于车间时，毗连墙属于车间。其基础设计应保证沉降后互不影响。
8. 确定柱顶标高时，首先确定符合 3M 数列的牛腿顶面标高，然后再确定仍符合 3M 数列的柱顶标高。
9. 天然采光系数 C 值越大，工作面上所需的照度越高。在估算采光口面积时，首先要确定剖面设计中的采光方式，查出车间的采光等级及相应的采光系数，查表确定窗地比，计算出窗地面积。若采光系数不能在表中直接查出，则用插入法计算出采光系数及其相对应的窗地比。注意有些地区的采光系数应乘以 1.25。
10. 自然通风的基本原理是靠热压及风压进行的。热压值 ΔP 的大小与室外及室内空气容重差，以及进、排风口中心线的距离成正比。
11. 通风开窗的通风要点是保证排风口处于负压区。其类型主要有避风天窗和下沉式天窗。
12. 定位轴线是确定厂房主要承重构件位置及其标志尺寸的基准线，同时，也是施工放线和设备安装的依据。
13. 横向定位轴线标志纵向构件如屋面板、吊车梁的长度；纵向定位轴线标志屋架的跨度。
14. 纵向定位轴线是封闭结合还是非封闭结合的关键，是保证吊车能安全运行，必须满足 C_b 值的要求，C_b 值的大小又决定于吊车吨位。
15. 纵向定位轴线的确定，应根据吊车吨位、封墙位置和数目，确定插入距 a_i、联系尺寸 a_c、墙体厚度 t、变形缝宽度 a_e 等。

【练习题】

一、填空题

1. 单层工业厂房设计包括_____、_____、_____。
2. 单层厂房的平面设计是在工厂厂区_____的前提下进行。
3. 单层厂房平面及空间组合设计,则是在_____及_____的基础上进行的。
4. 在单层厂房设计中生产工艺流程的类型主要有_____、_____和_____三种。
5. 在骨架结构厂房中_____是最主要承重构件。
6. 柱子在厂房平面上排列所形成的网络称为_____,柱网尺寸是由_____和_____组成的。柱子的_____定位轴线之间距离称为跨度。_____定位轴线之间距离称为柱距。
7. 我国《厂房建筑模数协调标准》对单层厂房的跨度有明确的规定:当厂房跨度<18米时,应采用扩大模数_____的尺寸系列,即跨度可取_____、_____、_____,当跨度尺寸≥18米时,按_____的模数增长,即跨度可取_____、_____、_____和_____,而柱距通常采用_____并称其为装配式钢筋混凝土结构体系的_____。
8. 目前我国单层厂房中生活间的常用布置方式有_____、_____、_____三种基本类型。
9. 在单层厂房设计中,生活间与车间的结合处,因结构类型之别需设沉降缝,为满足两侧结构沉降需要,毗连墙基础宜采用两种构造处理,即_____、_____。
10. 在单层工业厂房剖面设计中,室内地坪标高的确定是指_____,在不违反厂区总平面设计厂房室,室内地坪标高的规定时一般取_____mm。
11. 单层工业厂房采光方式有_____、_____、_____三种。
12. 在单层工业厂房剖面设计中,采光天窗的方式有多种,其中最常用的有_____、_____、_____、_____四种。
13. 单层工业厂房室内通风分_____、_____两种。
14. 单层工业厂房自然通风是利用_____和_____来实现的。
15. 通风天窗一般作为热车间自然通风的排气口其形式的选择对组织好厂房自然通风有重要地位,我国目前最常用的通风天窗有_____、_____两种。下沉式通风天窗可分为_____、纵向下沉式通风天窗、_____三种。

16. 单层工业厂房屋面排水方式可分为_____和_____两大类，其中有组织排水包括_____和_____两种。

17. 单层厂房_____是确定厂房主要构件的平面位置及其标志尺寸的基准线，同时也是厂房施工放线和设备安装定位的依据。

18. 垂直于厂房长轴方向即短轴方向的定位轴线称_____。从左至右按_____数字顺序编号，规定两条相邻横向定位轴线间的距离称为_____，把相邻两纵向定位轴线之间的距离称为_____。

19. 在单层厂房剖面设计中，当山墙为非承重山墙时，山墙内缘与横向定位轴线_____，端部柱截面中心线应自横向定位轴线向内移_____距离。

20. 在单层厂房构造设计中，对有吊车的厂房，吊车轨道中心线至纵向定位轴线之间距离一般取_____，当吊车起重量大于50t或者为重级工作制需设安全走道时取_____。

21. 单层厂房常用的起重运输设备有_____、_____、_____等类型。

22. 钢筋混凝土柱有_____和_____两大类。

23. 单层厂房的基础，主要有_____和_____两类，当柱距为6m或更大，地质情况较好时，多采用_____基础。

24. 厂房常见的平面形式有_____、_____、_____和Ⅱ形和Ⅲ形平面，其中_____在经济方面较优越。

25. 我国单层工业厂房主要采用装配式钢筋混凝土结构体系，其中基本柱距是_____m。

26. 生活间是由_____、_____、_____和_____四大部分组成。

27. 生活间的布置形式有_____、_____和_____三种。

28. 当厂房内地坪有两个以上不同高度的地坪面时，把_____定为±0.000。

29. 按采光和外围护结构上位置的不同，分为侧窗采光，_____和_____三种方式，侧窗采光分为_____和_____两类。

30. 采光天窗常用的形式有_____、_____、_____、_____等。

31. 为了方便检修吊车轨等工作和避免吊车梁遮挡光线，高侧窗窗台宜高于吊车梁面约_____mm，低侧窗窗台高度应略高于工作面的高度，通常取_____mm左右。

32. 单层厂房自然通风是利用空气的_____和_____作用进行的。

33. 下沉式通风天窗常见形式有_____、_____、_____等三种。

34. 开敞式厂房按照开敞的部位，可分为_____、_____、_____

_____、_____等四种形式。

35. 在单层厂房中，横向伸缩缝和防震缝处采用_____的定位方法，两柱的中心线从定位轴线向缝的两侧各移_____mm。

36. 单层厂房墙面划分方式有_____、_____、_____等三种。

37. 单层厂房墙面的虚实处理方法有_____、_____、_____等三种。

二、名词解释

1. 生产工艺流程

2. 柱网

3. 跨度

4. 柱距

5. 扩大柱网

6. 方形柱网

7. 厂房生活间

8. 厂房高度

9. 采光系数

10. 侧窗采光

11. 顶部采光

12. 混合采光

13．矩形天窗

14．锯齿形天窗

15．横向下沉式天窗

16．平天窗

17．自然通风

18．热压作用

19．内压作用

20．通风天窗

三、简答题

1．工厂总平面中，生产工艺对平面设计的影响体现在哪几个方面？

2．单层厂房平面设计应满足哪些要求？

3．什么叫柱网？如何确定柱网尺寸？扩大柱网有何优越性？

4. 生活间的组成及其设计要求是什么?

5. 生活间各种布置方式的特点是什么?

6. 厂房剖面设计应满足什么要求?

7. 什么叫天然采光?什么是采光设计?什么是采光系数?天然采光等级分几级?

8. 什么叫采光均匀度?

9. 简述采光面积是如何确定的?

10．天然采光有哪些采光方式？

11．厂房天然采光有哪些基本要求？

12．影响厂房立面设计的主要因素有哪些？

13．影响厂房内部空间处理的因素有哪些？

14．简述红色、橙色、黄色、绿色、蓝色、白色在工业建筑上的应用范围。

15．冷加工车间，自然通风设计的技术途径有哪些？

16．单层厂房墙面划分有哪些？

17．单层厂房采用扩大柱网有什么优越性？

18. 工厂总平面设计应满足哪些要求？

19. 如何确定跨度尺寸？

20. 生活间的组成的确定因素有哪些？

21. 山地地形厂房应如何布置？

四、绘图题

1. 用简图示意 12m 柱距屋顶承重的两种方案。

2. 绘简图示意有吊车厂房柱顶标高是如何确定的。

3. 绘简图示意变形缝处柱与横向定位轴线的联系。

4. 绘简图示意山墙与横向定位轴线的联系。

5. 绘简图示意封闭式结合的纵向定位轴线。

第十四章 单层厂房构造

【知识要点】

1. 单层厂房的外墙分为承重墙和非承重墙，非承重墙亦称骨架填充墙。骨架填充墙常用的种类有砌块填充墙、钢筋混凝土板材墙、波形瓦材墙。

2. 单层厂房的侧窗规格较大，常采用拼榫组合方法，窗料规格亦大些。

3. 单层厂房的大门规格大，一般采用特殊形式和构造。

4. 单层厂房屋面防水构造有卷材防水屋面、波形瓦材防水屋面、钢筋混凝土构件自防水屋面。

5. 单层厂房屋面的细部构造主要有檐口、檐沟、天沟等，属防水薄弱环节，必须处理妥善，以防渗漏。

6. 矩形天窗的跨度是屋架（或屋面梁）跨度的 1/2～1/3，由于屋架上、下弦的节点距离一般为3m，天窗的跨度相应为6、9、12（m）等。

7. 天窗架的高度是根据所需天窗扇的排数和每排窗扇的高度来确定的。

8. 矩形天窗常采用钢天窗扇，上悬式防雨性能较好，通风较差；中悬式通风流畅，防雨较差，上悬式钢天窗开启角度不能大于45度，由止动板控制。

9. 矩形避风天窗是由矩形天窗及其两侧的挡风板组成，为了增大通风量，可以不设窗扇。解决防雨的措施是采用挑檐屋面板，水平口挡雨片、垂直口挡雨板。

10. 矩形天窗适用于热车间。

11. 立柱式挡风板支承在大型屋面板纵肋处的柱墩上；悬挑式挡风板支承在天窗架上。

12. 水平口挡雨片的尺寸、倾角及其间距应根据设计飘雨角来确定。

13. 井式天窗由井底板、空格板、挡风侧墙及挡雨设施组成。

14. 井式天窗的井底板既可横向布置，也可纵向布置。

15. 增大井式天窗垂直口净高的方法是采用下卧式檩条、槽形檩条、L型檩条。

16. 井式天窗纵向布置井底板时，因受屋架腹杆的影响而常采用卡口板和出肋板。

17. 为了保证井式天窗处于负压区，井式天窗封墙（挡风侧墙）不能开设通风洞口。

18. 解决平天窗玻璃下滑的方法是采用卡钩，卡钩的一端卡牢玻璃，另一端固定在井壁上。玻璃上、下搭接构造的要点是采用卡钩、水泥砂浆、绳索、塑料管、油膏、油灰封口，避免产生爬水现象，引起渗漏。

19. 平天窗避免眩光的措施是在平板玻璃下表面刷白色调和漆；或用（P.V.B）粘玻璃丝布；或刷含5%滑石粉的环氧树脂；平板玻璃下方设遮阳格片；采用磨砂玻璃，乳白玻璃。

【练习题】

一、填空题

1. 单层厂房外墙按受力情况不同可分为_____和_____，按用材和构造方式不同可分为砌块墙和板材墙。砌块墙一般由黏土砖或其他中小型砌块砌筑；板材墙则包括大型预制板压型钢板等。

2. 在我国，单层厂房采用砖外墙者较多，所用砖材有_____、_____及_____。

3. 在单层厂房构造设计中，板材墙的主要类型有钢筋混凝土板材墙、_____、_____振动砖板墙以及轻型的波型瓦板。

4. 钢筋混凝土墙板按热土性能可分为_____和_____两大类，按构造特征有单一材料墙板和复合墙板两种。墙板的规格应符合 300mm 的模数，墙板的规格主要有_____、_____和_____三种，其中基本板的长度为_____mm 和_____mm、用于山墙的板长有时还有 3500mm、7500mm 等。板宽为_____mm、_____mm、_____mm 和_____mm 等四种，板厚以_____mm 为模数，常用厚度 160～240mm。

5. 单层厂房墙板的布置方式有_____、_____和_____三种形成。

6. 在单层厂房设计中墙板与柱的连接方式，可分为_____、_____两类。

7. 常见的单层厂房设计中的柔性连接方案有_____、_____和_____等。

8. 在单层厂房设计中，刚性连接方案通常指_____，当墙板具有较大的强度时，墙板可加强厂房的刚度，但对地基的不均匀沉陷和振动较为敏感故适用于地基条件较好，没有太大振动荷载及 6 度烈度以下的地区。

9. 工业厂房中门的尺寸应根据运输工具的_____、运输货物的_____来考虑，一般门的宽度，比满仓货物的车辆宽为_____，高度应高出_____。

10. 厂房大门的开启方式有_____、_____、_____、_____、_____、_____等。

11. 厂房屋面基层按支承方式不同分为_____和_____两类。

12. 厂房檐口排水同民用建筑一样有_____、_____两种排水方式。

13. 单层厂房屋面防水结构有_____、_____、_____。

14. 单层厂房屋面的细剖构造主要有_____、_____、_____等，属防水薄弱环节，心须处理妥善，以防漏渗。

15. 矩形天窗由_____、_____、_____、_____、_____五部分组成。

16. 矩形天窗的跨度是屋架跨度的_____，由于屋架上、下弦节点一般为_____，天窗的跨度相应为_____、_____、_____等。

17. 单层厂房天窗架的高度是根据所需天窗扇的_____和每排窗扇的高度来确定的。

18. 井式天窗构造主要由_____、_____、_____等组成。其中井底板的布置方式有_____和_____两种。

19. 增大井式天窗垂直口净高的方法是采用_____檩条、_____檩条、_____檩条。

20. 工业建筑化体系一般分为_____和_____。

21. 按工业化建筑类型和施工工艺进行划分，结构类型主要包括_____、_____、_____等三种。

22. 工业化建筑类型板材装配式建筑的简称，大板意指_____、_____。大板建筑的墙板按其安装的位置分为内墙板和外墙板；按其材料分为_____、_____、_____；按其构造形式分为_____和复合墙板。

23. 大板建筑的节点构造包括_____和_____。

24. 板材连接是大板建筑至为关键的构造措施，板材只有通过相互间牢固地连接，才能把墙板、楼板连成一体，使房屋的强度得以保证，板材连接有_____和_____两种。

25. 在大板建筑中，防止接缝处理中漏水的措施有两种，即_____和_____。

26. 框架板材建筑是指由框架和楼板、墙板组成的建筑，其结构特征是由框架承重，墙板仅作为_____和_____构件。

27. 框架按所用材料分为_____和_____通常_____层以下的建筑可采用钢筋混凝土框架，更高的建筑才采用钢框架。

28. 钢筋混凝土框架是我国目前主要采用类型，按施工方法不同，分为_____、_____和_____。

29. 框架结构类型按构件组成不同分为_____、_____、_____。

二、名词解释

1. 柔性连接

2. 刚性连接

三、简答题

1. 基础梁的设置方式有哪几种？

2. 造成卷材屋面开裂的原因主要有哪些？

3. 屋盖支撑系统又分为哪几种？

4. 屋面防水常用的防水方式有哪几种？各有何优缺点？其应用范围是什么？

5. 工业建筑地面由哪些构造层次组成？

6. 简述多层厂房的特点。

7. 多层厂房的适用范围有哪些？

8. 多层厂房的平面布置形式有哪几种？各有何特点？

9. 厂房层数的确定应考虑哪些因素？

10. 影响多层厂房层高的因素有哪些？

11. 上悬式天窗扇和中悬式天窗扇各有何特点？其开启角度是多少度？

12. 平天窗的类型和特点如何？避免眩光的措施有哪些？防止玻璃坠落伤人的安全措施有哪些？

13. 解决平天窗通风有哪几种方法？

第二部分

练习题答案

绪 论 部 分

一、填空题

1. 100、整数
2. 物质、精神
3. 巢居、穴居
4. 4、6、10 层及 10 层以上
5. 建筑功能、物质技术条件、建筑形象
6. 适用、安全、经济、美观
7. 巴黎圣母院
8. 陶瓦屋面防水技术
9. 包豪斯校舍
10. 《营造法式》
11. 四、耐火极限、燃烧性能
12. 《工程做法则例》、《营造法式》、斗口
13. 《园冶》
14. 大量性建筑、大型性建筑
15. 建筑物、构筑物
16. 工业建筑、农业建筑、居住建筑、公共建筑
17. 木结构、混合结构、钢筋混凝土结构、钢结构
18. 建筑设计、结构设计、设备设计
19. 24、100
20. 1~3、4~6、7~9、10 层及 10 层以上
21. 初步设计、技术设计、施工图设计

二、单项选择题

1. C 2. C 3. C 4. A 5. C
6. C 7. A 8. D 9. D

三、名词解释

1. 耐火极限：指任一建筑构件在规定的耐火试验条件下，从受到火的作用时起，到失去支持能力或完整性被破坏，或失去隔火作用时为止的这段时间，用小时表示。

2. 建筑物与构筑物：建筑物与构筑物是建筑的总称。直接供人使用的建筑是建筑物；不能直接供人使用的建筑是构筑物。

3．大量性建筑：指数量较多规模不大，单方造价较低的建筑，如一般居住建筑、中小学校、小型商店、诊所等。

4．大型性建筑：指规模大、耗资多的大型建筑。

5．耐火等级：耐火等级是衡量建筑物耐火程度的标准，它由组成房屋构件的燃烧性能和耐火极限的最低值所决定，划分耐火等级的目的是根据建筑物的用途不同提出不同的耐火等级要求，做到既有利于安全，又有利于节约基本建设投资，耐火等级划分为四级。

6．基本模数：基本模数是指模数协调中选用的基本尺寸单位，其数值为100mm；符号为M，即1M＝100mm。

7．模数数列：模数数列指由基本模数、扩大模数、分模数为基础扩展成的一系列尺寸。

四、简答题

1．实行建筑模数协调统一标准有何意义？模数、基本模数、扩大模数、分模数的含义是什么？模数数列的含义和适用范围是什么？

答：实行建筑模数协调统一标准的意义是：为了使建筑制品，建筑构配件和组合件实现工业化大规模生产，使不同材料，不同形式和不同制造方法的建筑构配件，组合件符合模数并具有较大的通用性和互换性，以加快设计速度，提高施工质量和效率，降低建筑造价。

模数指选定的尺寸单位，作为尺度协调中的增值单位。

基本模数是模数协调中选用的基本尺寸单位，基本模数的数值为100mm，其符号为M，即1M＝100mm。

扩大模数是基本模数的整数倍数，通常分为水平扩大模数和竖向扩大模数，水平扩大模数的基数为3、6、12、15、30、60M，其相应尺寸为300、600、1200、1500、3000、6000mm；竖向扩大模数的基数为3M、6M，其相应尺寸为300mm和600mm。

分模数是整数除基本模数的数值，分模数的基数为1/10M、1/5M、1/2M，其相应尺寸为10、20、50mm。

模数数列指由基本模数、扩大模数、分模数为基础扩展成的一系列尺寸。模数数列的适用范围如下：

水平基本模数的数列幅度为（1M～20M），主要用于门窗洞口和构配件断面尺寸；

竖向基本模数的数列幅度为（1M～36M），主要用于建筑物的层高，门窗洞口和构配件截面等处；

水平扩大模数的数列幅度：3M为（3M～75M），6M为（6M～98M），12M为（12M～120M），15M为（15M～120M），30M为（30M～360M），60M为（60M～360M）数列，必要时幅度不限，主要用于建筑物的开间或柱距，进深或跨度，构配件尺寸和门窗洞口等处；竖向扩大模数数列幅度不限，主要用于建筑物的高度，层高和门窗洞口等处；分模数的数列幅度：1/10M为（1/10M～2M），1/5M为（1/5M～4M），1/2M为（1/2M～10M），主要用于缝隙、构造节点，构配件断面尺寸。

2．建筑方针所包含的基本内容是什么？

答：适用、安全、经济、美观。

3. 建筑设计的主要依据有哪些方面？

答：建筑设计依据主要应考虑以下几方面：

(1) 使用功能要求

人体尺度和人体活动所需的空间尺度；家具、设备的尺寸和使用它们的必要空间。

(2) 自然条件影响

温度、湿度、日照、风雪、风向、风速等气候条件；地形、地质条件和地震烈度；水文条件。

(3) 技术要求

满足建筑设计规范、规程、通则等；符合《建筑模数协调统一标准》，满足建筑工业化要求。

4. 构成建筑的三要素之间的辩证关系是什么？

答：建筑功能、物质技术条件、建筑形象是构成建筑的三要素，构成建筑的三要素中，建筑功能是主导因素，它对建筑技术和建筑形象起决定作用，建筑技术是建造房屋的手段，它对功能又起约束和促进的作用，建筑形象是功能和技术的反应，在相同的功能要求和建筑技术条件下，如果能充分发挥设计者的主观作用，可以创造出不同的建筑形象，达到不同的美学效果。

5. 划分建筑物耐久等级的主要根据是什么？建筑物的耐久等级划分为几级？各级的适用范围是？

答：划分建筑物耐久等级的主要根据是建筑物的重要性和规模大小。

建筑物的耐久年限分为四级：

一级建筑：耐久年限为100年以上，适用于重要的建筑和高层建筑。

二级建筑：耐久年限为50～100年，适用于一般性建筑。

三级建筑：耐久年限为25～50年，适用于次要的建筑。

四级建筑：耐久年限为15年以下，适用于临时性建筑。

6. 建筑构件按燃烧性能分为哪几类？各有何特点？

答：建筑构件按燃烧性能分为三类，即：非燃烧体、燃烧体、难燃烧体。

非燃烧体指用非燃烧材料制成的构件，如天然石材、人工石材、金属材料等。在空气中受到火烧或高温作用时不起火，不微燃，不碳化。

燃烧体指用容易燃烧的材料制成的构件，如木材等。在空气中受到高温作用时立即起火燃烧且移走火源后仍然继续燃烧或微燃。

难燃烧体指用不易燃烧的材料制成的构件，或者用燃烧材料制成，但用非燃烧材料作为保护层的构件，如沥青混凝土构件、木板条抹灰构件等。在空气中受到火烧或高温作用时难起火、难燃烧、难碳化。当火源移走后燃烧或微燃立即停止。

第一篇　民用建筑设计与构造

第一章　民用建筑设计概述

一、单项选择题

1. D　　2. A　　3. D　　4. B　　5. C　　6. A
7. C　　8. A　　9. D　　10. D　　11. C

二、多项选择题

1. CE　　2. CD　　3. BE　　4. ABCD　　5. ABCD

三、填空题

1. 透视图或效果图、模型
2. 选择合理的建筑、生产生活
3. 两、三
4. 建筑设计、结构设计、设备
5. 熟悉设计任务书、收集设计基础资料、调查研究
6. 技术设计
7. 技术措施用料、具体作法
8. 1∶1000、1∶500、1∶200、1∶150、1∶100、1∶10、1∶20、1∶1、1∶5、1∶2
9. 建筑功能、采用合理的技术措施、具有良好的经济效果、考虑建筑美观、符合总体规划
10. 功能、心理、人与人、人与外界环境

四、名词解释

1. 结构设计：在建筑方案确定的条件下，解决结构选型，结构布置，分析结构受力，对所有受力构件作出设计。
2. 地震烈度：表示地面及房屋建筑遭受地震破坏的程度。
3. 风玫瑰图：根据某一地区多年平均统计的各方向吹风次数的百分数值，按一定比例绘制的，一般多用8个或16个罗盘方位表示，玫瑰图上所表示的风的吹向是指从外面吹向地区中心的。

五、简答题

1. 建筑设计的主要任务是什么？

建筑设计的主要任务是根据任务书及国家有关建筑方针政策，对建筑单体或总体作出

合理布局，提出满足使用和观感要求的设计方案，解决建筑造型，处理内外空间，选择围护结构材料，解决建筑防火、防水等技术问题，作出有关构造设计和装修处理。

2．建筑按房屋承重结构的材料分哪几类？

答：按房屋承重结构的材料可分为以下5类：①木结构建筑；②砖（或石）结构建筑；③钢筋混凝土结构建筑；④钢结构建筑；⑤混合结构建筑。

3．建筑按功能分哪几类？

答：按功能可分为民用建筑（居住建筑和公共建筑）、工业建筑、农业建筑三类；

4．建筑按耐久年限分几级？分别是什么？

答：以主体结构确定的建筑耐久年限分为四级。

一级建筑：耐久年限为100年以上，适用于重要的建筑和高层建筑。

二级建筑：耐久年限为50～100年，适用于一般性建筑。

三级建筑：耐久年限为25～50年，适用于次要的建筑。

四级建筑：耐久年限为15年以下，适用于临时性建筑。

5．建筑按层数分哪几类？

答：(1) 住宅建筑按层数分类：1～3层为低层；4～6层为多层；7～9层为中高层；10层及10层以上为高层。

(2) 公共建筑按层数分类：公共建筑及综合性建筑总高度超过24m者为高层（但不包括高度超过24m的单层建筑）。

(3) 超高层建筑：建筑物高度超过100m时，不论住宅建筑或公共建筑均称为超高层。

6．建筑按规模划分为哪几类？建筑按耐火等级划分为哪几级？

答：按规模分可分为大量性建筑和大型性建筑。

现行《建筑设计防火规范》把建筑物的耐火等级划分为四级。一级的耐火性能最好，四级最差。

7．建筑设计分几个阶段？对大型的复杂的建筑采用几个阶段？

答：建筑设计分两个阶段：初步设计、施工图设计。

对大型复杂建筑采用三个阶段：初步设计、技术设计、施工图设计。

8．我国建筑设计的主要内容是什么？

答：我国房屋的设计，一般包括建筑设计、结构设计和设备设计等几部分，它们之间既有分工，又相互密切配合。由于建筑设计是建筑功能、工程技术和建筑艺术的综合，因此它必须综合考虑建筑、结构、设备等工种的要求，以及这些工种的相互联系和制约。设计人员必须贯彻执行建筑方针和政策，正确掌握建筑标准，重视调查研究和群众路线的工作方法。

9．建筑设计中技术设计阶段的主要任务是什么？

答：技术设计是三阶段建筑设计时的中间阶段。它的主要任务是在初步设计的基础上，进一步确定房屋各工种和工种之间的技术问题。

10．两阶段设计和三阶段设计的含义及适用范围？

答：建筑设计一般分为初步设计和施工图设计两个阶段，对于大型、比较复杂的工程，也有采用三个设计阶段，即在两个设计阶段之间，还有一个技术设计阶段，用来深入解决各工种之间的协调等技术问题。

第二章 建筑平面设计

一、单项选择题

1. D	2. B	3. A	4. C	5. C
6. B	7. C	8. C	9. D	10. B
11. C	12. C	13. C	14. B	15. B
16. D	17. C	18. C	19. A	20. B
21. D	22. B	23. C	24. C	25. C
26. C	27. A	28. D	29. C	30. B
31. C	32. D	33. A	34. B	35. C
36. B	37. B	38. A	39. D	40. C

二、多项选择题

1. BC	2. BD	3. BD	4. BD	5. BD
6. CE	7. CE	8. AB	9. CD	10. CD

三、填空题

1. 框架、梁、柱、砖混

2. 3.5、12m×12m

3. 跨度、层高

4. 使用空间、交通联系空间

5. 使用

6. 建设地点、设计对象

7. 足够的面积、采光和通风条件、结构布局

8. 使用要求、结构形式与结构布置

9. 2m、45°、8.5m（中学）或8m（小学）、30°

10. 2

11. 2400mm、2700mm、150~175、250~300

12. 人体尺寸、人流股数、家具设备的大小、900

13. 当房间使用人数≥50人、面积≥60m^2

14. 通风、采光

15. 窗面积、地面面积

16. 左、高窗

17. 900mm×1400mm（面积不小于2m^2）

18．单排、双排、L形、U形

19．水平交通空间、垂直交通空间、交通枢纽空间

20．1100mm、1500mm

21．楼梯、坡道、电梯、自动扶梯

22．通行人量、使用要求

23．主要楼梯、次要楼梯、消防楼梯

24．三跑

25．使用人数、防火规范

26．7层、7层以上、6层、6层以上

27．乘客电梯、载货电梯、客货两用电梯、杂物电梯

28．上下比较省力、平地、所占面积比楼梯面积大得多

29．接纳人流、各方面交通的衔接

30．对称式、非对称式

31．门廊等、暂时停留

32．门厅的过道、楼梯宽度、向外开启、弹簧门扇

33．交通路线、过多干扰

34．人流路线的转折和缓冲

35．使用功能、结构类型、设备管线、建筑造型、使用功能

36．合理的功能分区、明确的流线组织

37．主要使用、辅助使用

38．人流、货流（物流）

39．混合结构、框架结构、空间结构

40．对齐、顶层或附建于建筑物旁

41．构造简单、造价较低、房间尺度受钢筋混凝土梁板经济跨度的限制、房间开间和进深尺寸较小且层数不多的中小型民用建筑

42．壁薄、自重轻、能充分发挥材料的最大效能

43．钢管组合而成、刚度大、自重轻

44．走廊式组合、套间式组合、大厅式组合、单元式组合、混合式组合

45．内走廊、外走廊

46．平行于等高线、垂直于等高线

47．横向刚性隔墙

48．日照要求

49．主导风向、基地地形、道路走向

四、名词解释

1．建筑密度：总建筑基底面积与总用地面积的比值。

2．建筑容积：总建筑面积与总用地面积的比值。

3．开间：横向两定位轴线的距离。

4．窗地面积比：窗洞口面积之和与房间地面面积之比。

5. 走廊式组合：以走廊的一侧或两侧布置房间的组合方式，房间的相互联系和房屋的内外联系主要通过走廊。

6. 穿套式组合：把各房间直接衔接在一起，相互穿通，把使用面积与交通面积结合起来，融为一体的组合方式。具体布置形式有串联式，即按照一定的顺序将各房间连接起来，放射式即以一个枢纽空间作为联系中心向两个或两个以上方向延伸衔接布置房间。

7. 大厅式组合：以体量巨大的主体空间为中心，其他附属或辅助房间环绕布置在它的周围的方式。

8. 单元式组合：以楼梯间或电梯间等垂直交通联系空间来联系各个房间，构成一个独立的单元；或者在建筑平面中把联系密切的使用房间组合在一起，形成各自独立的单元。一幢建筑物可由一个或几个相同的或不相同的单元组成。

9. 混合式组合：同时采用两种或两种以上组合方式来组织空间的形式。

10. 日照间距：日照间距指为了保证房间有一定的日照时数，建筑物彼此互不遮挡所必须满足的距离。

11. 袋形走廊：指只有一个出入口的走道（或单向疏散的走道）。

12. 封闭式楼梯间：指设有阻挡烟气的双向弹簧门的楼梯间。

13. 安全出口：指符合防火规范规定的疏散楼梯或直通室外地坪面的门。

五、简答题

1. 建筑平面包括哪些基本内容？

答：包括主要使用房间的设计，辅助使用房间的设计，交通联系部分的平面设计及建筑平面组合设计。

2. 民用建筑平面由哪几部分组成？

答：由使用部分和交通联系部分组成，使用部分又可分为主要使用房间和辅助使用房间。

3. 房间面积由哪几部分组成？

答：由家具设备占用面积、人们使用活动所需面积和室内交通面积组成，如卧室的面积由床、衣柜、梳妆台等占用面积，床、衣柜、梳妆台的使用活动面积和房门入口处所占的面积组成。

4. 确定房间的平面形状应综合考虑哪些因素？矩形平面被广泛采用的原因是什么？

答：要综合考虑房间的使用要求、结构布置形式，室内空间观感，整个矩形平面被广泛采用主要是因为矩形平面具有以下优点：

（1）平面形式简单，墙体平直，便于家具布置和设备的安排，使用上能充分利用室内有效面积，有较大的灵活性；

（2）结构布置简单，便于施工；

（3）矩形平面便于统一开间、进深，有利于平面和空间的组合。

5. 卫生设备的数量如何确定？

答：卫生设备的数量及小便槽的长度主要根据使用人数、使用对象、使用特点等因素确定。

6. 交通联系空间包括哪些部分？

答：包括水平交通联系部分（如：走廊、过道）、垂直交通联系部分（如：楼梯、坡道、电梯、自动扶梯)、交通联系枢纽部分(如:门厅、过厅)。

7. 如何确定楼梯的位置?

答:主要楼梯应设置在人流主要出入口处,位置要明显易找,次要楼梯一般设于次入口或转折处。

8. 影响建筑平面组合设计的因素有哪些?

答:建筑物的使用功能,结构类型及施工技术的合理性,设备管线的布置。建筑造型要求,外部环境的影响。

9. 在平面组合设计中,如何处理建筑各部分的主次,内外及联系与分隔关系?

答:主要使用部分应布置在朝向、采光和通风条件较好的位置上,次要部分可布置在朝向较差的位置;对外联系密切的部分应布置在靠近主要出入口且位置明显、出入方便的部位,对内联系的部分应尽量布置在比较隐蔽的位置上;对使用中联系密切的部分应靠近布置,对没有联系又要避免干扰的部分应尽可能地隔离布置,对既有联系又要避免干扰的部分应有适当的分隔。

10. 房间的尺寸是根据哪些因素确定的?

答:房间平面的形状和尺寸,主要是由室内使用活动的特点,家具布置方式,以及采光、通风、音响等要求所决定的。在满足使用要求的同时,构成房间的技术经济条件,以及人们对室内的观感,也是确定房间平面形状和尺寸的重要因素。

11. 如何确定房间的门窗数量、大小、开启方向及具体位置?

答:房间平面中门的最小宽度,是由通过人流多少和搬进房间家具、设备的大小决定的。室内面积较大、活动人数较多的房间,应该相应增加门的宽度或门的数量。房间中门的位置应考虑室内交通路线简捷和安全疏散的要求,门的位置还对室内使用面积能否充分利用、家具布置是否方便,以及组织室内穿堂风等关系很大。房间中窗的大小和位置,主要根据室内采光、通风要求来考虑。位置主要影响到房间沿外墙(开间)方向来的照度是否均匀、有无暗角和眩光。室内的自然通风,除了和建筑朝向、间距、平面布局等因素有关外,房间中窗的位置,对室内通风效果的影响也很关键。

12. 卫生间设计的一般要求是什么?

答:(1) 在满足设备布置及人体活动要求的前提下,力求布置紧凑,节约面积。

(2) 公共建筑使用人数较多,卫生间应有良好天然采光和自然通风,以便排除臭气,住宅、旅馆等少数人使用的卫生间允许间接采光,但必须有换气设备。

(3) 为了节约管道,厕所、盥洗室宜左右相邻,上下相对。

(4) 卫生间既要隐蔽,又要方便使用。

(5) 要妥善解决卫生间防水、排水问题。

13. 带前室的厕所其优点是什么?设计时应注意什么?

答:带前室的厕所常用于公共建筑中。它有利于隐蔽,可以改善通往厕所的走道和过厅的卫生条件。前室设双重门,通往厕所的门可设弹簧门,便于随时关闭。前室内一般设有洗手盆及污水池,为保证必要的使用空间,前室的深度应不小于 1.5~2.0m。

14. 厨房设计时应满足的要求有哪些?

答:(1) 厨房应有良好的采光和通风条件,为此,在平面组合中应将厨房紧靠外墙布置,为防止油烟、废气、灰尘进入卧室、起居室,厨房布置应尽可能避免通过卧室、起居室来组织自然通风。厨房灶台上方可设置专门的排烟罩。

（2）尽量利用厨房的有效空间布置足够的储藏设施（如：吊柜、壁龛等）。

（3）厨房的墙面、地面应考虑防水，便于清洁。

（4）厨房室内布置应符合操作流程，并保证必要的操作空间，为使用方便，提高效率，节约时间创造条件。

15. 走廊宽度确定依据是什么？

答：走廊的宽度是依据人流通畅和建筑防火，建筑物耐火等级、层数和通行人数而确定的。

16. 走廊的采光、通风问题怎样解决？

答：走廊两侧布置房间的为内廊式，这种组合方式平面紧凑，走廊所占面积较小，房屋进深大，节省用地，但是有一侧的房间朝向差，走廊较长时，采光、通风条件较差，需要开设高窗或设置过厅以改善采光、通风条件。走廊一侧布置房间的为外廊式，房间的朝向、采光和通风都较内廊式好，但是房屋的进深较浅，辅助（交通面积）增加。敞开设置的外廊，较适合于气候温暖和炎热的地区。外廊的南向或北向布置，需要结合建筑物的具体使用要求和地区气候条件考虑。北向外廊，可以使主要使用房间的朝向、日照条件较好，但当外廊开敞时，房间的北入口冬季常受寒风侵袭。一些住宅，由于从外廊到居室内，通常还有厨房、前厅等过渡部分，为保证起居室，卧室有较好的朝向和日照条件，常采用北向外廊式布置。南向外廊的房屋，外廊和房间出入口处的使用条件较好，室内的日照条件稍差。

17. 常用的楼梯形式有几种？它们的优缺点各是什么？

答：（1）直行单跑楼梯，此楼梯无中间平台，由于单跑梯段踏步数一般不超过18级，故仅能用于层高不大的建筑。

（2）直行多跑楼梯，此楼梯是直行单跑楼梯的延伸，仅增设了中间平台，将单梯段变为多梯段。一般为双跑梯段，适用于层高较大的建筑。

（3）平行双跑楼梯，此种楼梯由于上完一层楼刚好回到原起步方位，与楼梯上升的空间回转往复性吻合，比直跑楼梯节约面积并缩短人流行走距离，是最常用的楼梯形式之一。

（4）平行双分双合楼梯，此种楼梯形式是在平行双跑楼梯基础上演变产生的。其梯段平行而行走方向相反，且第一跑在中部上行，然后自中间平台处往两边以第一跑的1/2梯段宽，各上一跑到楼层面。通常在人流多，梯段宽度较大时采用。由于其造型的对称严谨性，过去常用作办公类建筑的主要楼梯。

（5）折行多跑楼梯，为折行双跑楼梯，此种楼梯人流导向较自由，折角可变，可为90°，也可大于或小于90°。

（6）交叉跑（剪刀）楼梯，此种可认为是由两个直行单跑楼梯交叉并列布置而成，通行的人流量较大，且为上下楼层的人流提供了两个方向，对于空间开敞，楼层人流多方向进入有利。但仅适合层高小的建筑。

（7）**螺旋形楼梯**，通常是围绕一根单柱布置，平面呈圆形。其平台和踏步均为扇形平面，由于平台占去1/4圆左右，踏步必须在3/4左右水平投影圆范围内解决平台下过人高度。

（8）弧形楼梯，它围绕一较大的轴心空间旋转，未构成水平投影圆，仅为一段弧环，并且曲率半径较大。

18. 楼梯的数量及宽度是怎么样确定的？

答：楼梯的宽度，是根据通行人数的多少和建筑防火要求决定的。梯段的宽度，和过道一样，考虑两人相对通过，通常不小于1100～1200mm。一些辅助楼梯，从节省建筑面积出发，把梯段的宽度设计得小一些，考虑到同时有人上下时能够有侧身避让的余地，梯段的宽度也不应小于850～900mm。所有梯段宽度的尺寸，也都需要以防火要求宽度的具体尺寸和对过道的要求相同。楼梯平台的宽度，除了考虑人流通行外，还须考虑搬运家具的方便，平台的宽度不应小于地段的宽度。

19．门厅的布局有哪两种？各有什么特点？

答：对称的门厅有明显的轴线，如果起主要交通联系作用让过道或主要楼梯沿轴线布置，主导方向较为明确；不对称的门厅，由于门厅中没有明显的轴线，交通联系主次的导向，往往需要通过对走廊口门洞的大小，墙面的透空和装饰处理、以及楼梯踏步的引导等设计手法，使人们易于辨别交通联系的主导方向。

20．门厅设计的主要要求是什么？

答：导向性明确，交通流线组织便捷，避免交通路线过多的交叉和干扰，有较高的空间组合和造型要求。

21．在平面组合设计中首先要进行功能分区的分析，它是从哪几个方面入手的？

答：（1）各类房间的主次、内外关系；
（2）功能分区以及它们的联系和分隔；
（3）房间的使用顺序和交通路线组织；
（4）建筑平面组合的几种方式。

22．目前民用建筑常用的结构形式有哪几种？其特点及适用范围各是什么？

答：大量性民用建筑的结构形式依其建筑使用规模、构件所用材料及受力情况的不同而有各种类型。依建筑物本身使用性质和规模的不同，可分为单层、多层、大跨和高层建筑等。这些建筑中，单层及多层建筑的主要结构形式又可分为墙承重结构、框架承重结构。墙承重结构是指用墙体作为建筑物承重构件的结构形式。而框架结构则主要是由梁、柱作为承重构件的结构形式。大型建筑常见的结构形式有拱结构、桁架结构以及网架、薄壳、折板、悬索等空间结构形式。

23．墙承重结构的布置方式有哪几种？各有何特点和适用范围是什么？

答：有横墙承重、纵墙承重、纵横墙混合承重三种。

横墙承重方案：适用于房间的使用面积不大，墙体位置比较固定的建筑，如住宅、宿舍、旅馆等。横墙承重的建筑物整体刚度和抗震性能较好，立面开窗灵活，但平面布置和房间划分的灵活性差。

纵墙承重方案：适用于房间的使用上要求有较大的空间，墙体位置在同层或上下层之间可能有变化的建筑，如教学楼中的教室、阅览室、实验室等。在纵墙承重方案中，由于横墙数量少，房屋刚度差，应适当设置承重横墙，与楼板一起形成纵墙的侧向支撑。

纵横墙承重方案：适用于房间变化较多的建筑，如医院、实验楼等。结构方案可根据需要布置，房屋中一部分用横墙承重，另一部分用纵墙承重，形成纵横墙混合承重方案。此方案建筑组合灵活，空间刚度较好，墙体材料用量较多，适用于开间、进深变化较多的建筑。

24．走廊式组合有哪几种形式？各自的特点是什么？

答：走廊两侧布置房间的组合方式为内廊式，这种组合方式平面紧凑，走廊所占面积较小，房屋进深大，节省用地，但是有一侧的房间朝向差，走廊较长时，采光、通风条件较差，需要开设高窗或设置过厅以改善采光、通风条件。

走廊一侧布置房间的为外廊式。房间的朝向、采光和通风都较内廊式好，但是房屋的进深较浅，辅助交通面积增大，故占地较多，相应造价增加。

25．单元式组合的特点是什么？

答：单元式组合的特点是能提高建筑标准化，节省设计工作量，简化施工，同时功能分区明确，平面布置紧凑，单元与单元之间相对独立，互不干扰。而且单元式组合布局灵活，能适用不同的地形，形成多种不同的组合形式。

26．基地条件对建筑平面组合的影响是什么？

答：(1) 基地大小、形状和道路走向

基地的大小和形状，对房屋的层数、平面组合的布局关系极为密切。

(2) 建筑物的间距和朝向

在一定的基地条件下（如基地的大小，基地的朝向等），建筑物之间必要的间距和建筑朝向，也将对房屋的平面组合方式、房间的进深等带来影响。

(3) 基地的地形条件

坡地建筑的平面组合应依山就势，结合坡度大小、朝向以及通风要求，使建筑物内部的平面组合、剖面关系结合具体的地形条件。

27．在确定建筑物的间距及朝向时，应考虑的因素有哪些？

答：(1) 房屋的室内外使用要求：房屋周围人行或车辆通行必要的道路面积，房屋之间对声响、视线干扰必要的间隔距离等。

(2) 日照、通风等卫生要求：主要考虑成排房屋前后的阳光遮挡情况及通风条件。

(3) 防火安全要求：考虑火警时保证邻近房屋安全的间隔距离，以及消防车辆的必要通行宽度。

(4) 根据房屋的使用性质和规模，对拟建房屋的观瞻、室外空间要求，以及房屋周围环境绿化等所需的面积。

(5) 拟建房屋施工条件的要求：房屋建造时可能采用的施工起重设备、外脚手架，以及新旧房屋基础之间必要的间距等。

28．如何确定建筑物的间距？其计算公式是什么？

答：日照间距的计算一般以当地冬至日正午 12 时太阳照到后排建筑底层窗台高度为设计依据，来控制建筑的日照距离。

其日照间距的计算公式为：$L = H \times \tan h$

式中：L 为房屋间距

H 为南向前排房屋檐口至后排房屋底层窗台的高度

h 为冬至日正午的太阳高度角（当房屋为正南向时）

六、作图题（略）

七、设计题（略）

第三章　建筑剖立面设计

一、单项选择题

1．C　　2．B　　3．C　　4．B　　5．A　　6．B
7．C　　8．B　　9．A　　10．B　　11．B　　12．B
13．B　　14．B　　15．C　　16．A　　17．D　　18．B
19．B　　20．A　　21．C　　22．C

二、多项选择题

1．ABC　　2．AD　　3．CD
4．ABE　　5．DE

三、填空题

1．1.1、封闭

2．3

3．建筑结构类型、材料

4．墙、柱

5．梁柱承重的框架、剪力墙

6．1～5

7．有所降低

8．多

9．使用要求

10．2.2

11．自然采光、自然通风

12．1

13．建筑体型、立面

14．统一中求变化、在变化中求统一

15．对称的均衡、不对称的均衡

16．前后、左右、上下

17．连续韵律、渐变韵律、交错韵律、起伏韵律

四、名词解释

1．层高：该层的地坪或楼板面到上层楼板面的距离，即该层房间的净高加以楼板层的结构厚度。

2. 净高：楼地面到结构层（梁、板）底面或顶棚下表面之间的距离。

3. 均衡：建筑体型的前后、左右之间保持平衡的一种美学特征。给人以安定、平衡和完整的感觉。

4. 对比：建筑中各要素之间相互衬托而形成的显著差异，主要借助各要素之间的烘托，陪衬而突出各自的特点以求得变化。

5. 稳定：是指建筑物上下之间的轻重关系。

6. 微差：建筑中各要素之间相互衬托而形成的不显著的差异，主要借助彼此之间的连续性以求得协调。

7. 韵律：建筑构图中的有组织变化和有规律的重复。

8. 连续韵律：以一种或几种要素连续重复地排列。

9. 渐变韵律：连续重复的要素按一定的秩序或规律逐渐变化。

10. 交错韵律：连续重复的要素相互交织、穿插、忽隐忽现而产生韵律感。

11. 起伏韵律：保持连续变化的要素的同时具有明显起伏变化的特征。

12. 比例：指长宽高三个方向之间的大小关系。

13. 尺度：指建筑物的整体或局部给人感觉上的大小与真实大小之间的关系，用以表现建筑物正确的尺寸或者表现所追求的尺寸效果。

14. 自然尺度：以人体大小来度量建筑物的实际大小，从而给人的印象与建筑物真实大小相一致。常用于住宅、办公楼、学校等建筑。

15. 夸张尺度：有意将建筑的尺寸设计得比实际需要大些，使人感觉建筑物雄伟、壮观。常用于纪念性建筑或大型公共建筑。

16. 亲切尺度：将建筑的尺寸设计得比实际需要小些，使人感觉亲切，舒适。常用于园林建筑的设计。

五、简答题

1. 房间高度的确定依据有哪些？

答：人体活动及家具设备的要求，采光、通风等卫生要求，结构层高度及构件方式的要求，室内空间比例要求，建筑经济效益要求。

2. 怎样确定房间的剖面形状？

答：房间的剖面设计，首先需要确定室内的净高。即房间楼地面到结构层或其他构件底面的距离。主要考虑以下几方面：

（1）室内使用性质和活动特点的要求；

（2）采光、通风的要求；

（3）结构类型的要求；

（4）设备设置的要求；

（5）室内空间比例的要求。

3. 确定建筑物的层高应考虑哪些因素？

答：在通常情况下，房间的高度是根据室内家具设备尺寸、人体活动要求、采光、通风、照明、技术经济条件以及室内空间比例等因素综合确定的。

4. 不同高度的房间在空间组合中应如何处理？

答：层高相同的房间：叠加。

层高相近的房间：调整为相同层高或设台阶与坡道。

层高相差较大的房间：把少量大面积、层高高的房间设在底层、顶层或单独附设。

5．建筑空间的利用有哪几种方法？

答：充分利用建筑物内部的空间，实际上是在建筑占地面积和平面布置基本不变的情况下，起到了扩大使用面积，充分发挥房屋投资的经济效果。

（1）房间内的空间利用：在人们室内活动和家具设备布置等必需的空间范围以外，可以充分利用房间内其余部分的空间。

（2）走廊、门厅和楼梯间的空间利用：由于建筑物整体结构布置的需要，房屋中的走廊，通常和层高较高的房间高度相同，这时走廊平顶的上部，可以作为设置通风、照明设备和铺设管线的空间等。

6．房屋外部形象的设计要求是？

答：对房屋外部形象的设计要求有以下几个方面：

（1）反映建筑功能要求和建筑类型的特征；

（2）结合材料性能、结构构造和施工技术的特点；

（3）掌握建筑标准和相应的经济指标；

（4）适应基地环境和建筑规划的群体布置；

（5）符合建筑造型和立面构图的一些规律。

建筑体形组合的造型要求，主要有以下几点：①完整均衡、比例恰当；②主次分明、交接明确；③体形简洁、环境协调

7．建筑体形组合有几种方式？

答：建筑体形从组合方式来区分，大体上可以归纳为对称和不对称的两类。对称的体形有明确的中轴线，建筑物各部分组合体的主从关系分明，形体比较完整，容易取得端正、庄严的感觉。我国古典建筑较多的采用对称的体形，一些纪念性的建筑和大型会堂等，为了使建筑物显得庄严、完整，也常采用对称的体形。不对称的体形，它的特点是布局比较灵活自由，对功能关系复杂，或不规则的基地形状较能适应。不对称的体形，容易使建筑物取得舒展、活泼的造型效果，不少医院、疗养院、园林建筑等，常采用不对称的体形。

8．简述立面设计步骤。

答：（1）描绘基本轮廓，根据内部空间及平剖面，描绘各立面的基本轮廓；

（2）推敲比例关系；

（3）协调不同立面；

（4）确定细部造型；

（5）突出重点部位；

（6）综合三个要素，全面考虑功能、技术、美观三者的关系。

9．剖面设计的主要内容有哪些？

答：剖面设计主要根据建筑物的用途、规模、环境条件等要求。解决建筑物在垂直方向房屋各部分的组合关系。

具体内容包括：

（1）确定房间的剖面形状、尺寸及比例关系；

（2）确定建筑的层数和各部分的标高，如层高、净高、窗台、雨篷高度、内外地面高度等；

（3）合理进行剖面空间的组合，研究建筑空间的利用；

（4）考虑建筑剖面中的结构与造型关系。

10．影响房间剖面形状的因素主要有哪些？

答：室内使用性质和活动特点的要求，采光、通风要求，结构、施工等技术经济方面的要求、室内装饰要求。

11．确定室内外高差应考虑哪些因素？

答：防止室外雨水流入室内，尽量减少土石方工程量、地形及环境要求，建筑物的性格特征。

12．如何确定建筑物的层数？

答：主要根据建筑使用要求、结构材料要求、基地环境和城市规划要求、防火要求和经济条件等因素综合考虑确定。

13．建筑体形和立面设计应遵循哪些原则？

答：反映建筑个性特征、善于利用结构、材料和施工技术的特点，满足城市规划和环境要求，与建筑标准和一定的经济条件相适应，符合建筑美学原则。

14．统一与变化的基本手法有哪些？

答：以简单的几何形状求统一，主次分明，以陪衬求统一，以协调求统一。

15．建筑物的比例与哪些因素有关？

答：人的视觉习惯、材料与结构、民族文化传统。

16．各体量间的联系和交接形式有哪些？各有何特点？

答：直接连接：即将不同体量的面直接相连，包括拼接与咬接，特点是造型集中紧凑，内部交通短捷；

间接连接：包括有廊连接和连接体连接，特点是造型丰富、轻快、舒展。

17．立面有哪些构部件组合？

答：立面构件包括墙体、梁柱、屋檐（屋面）、门窗、阳台、雨篷、勒脚、台基、花饰等。

18．立面设计的内容是什么？

答：立面设计就是恰当地确定立面各组成部分和构部件的比例、尺度、色彩和材料质感等。运用构图要点，求得外形的统一与变化及内部空间与外形的协调统一。

19．立面处理方法有哪些？

答：有比例与尺度处理，虚实与凹凸处理，线条处理，色彩与质感处理，重点与细部处理。

20．建筑的色彩与质感处理应考虑哪些因素？

答：统一与变化，掌握好尺度；与建筑物性格相适应；与周围环境、建筑相协调，适应气候条件的特点。

21．在立面设计中，通常需要进行重点处理的部位有哪些？

答：视觉中心部位，如建筑物的主要出入口；体现建筑物的风格特征，情趣与品位的部位，如阳台、橱窗、花格等，构成建筑轮廓线的部位如檐口等。

六、绘图题（略）

第四章 民用建筑构造概论

一、单项选择题

1. D

二、填空题

1. 按建筑构件的时间、温度标准曲线进行耐火试验，从受到火的作用时起到失去支持能力、完整性被破坏、失去耐火作用时止的这段时间，用小时表示
2. 基础、墙（柱）、楼板和地层、楼梯、屋顶、门窗
3. 基本模数、扩大模数、分模数
4. 坚固实用、技术先进、经济合理、美观大方
5. 扩大模数、分模数
6. 1~3层、4~6层、7~9层、≥10层、24m、≥100m
7. 100mm
8. 初步设计
9. 门窗
10. 基础、地基

三、问答题

1. 影响建筑构造的主要因素有哪些？

答：(1) 外界环境的影响，指自然界和人为的影响。包括外力作用的影响，如人、家具和设备的重量、结构自重、风力、地震力、雪重等；自然气候的影响，如日晒雨淋、风雪冰冻、地下水等；人为因素和其他因素，如火灾、噪声、机械振动等。

(2) 建筑技术条件的影响：如建筑材料、结构形式和施工技术等。

(3) 经济条件影响。

2. 建筑物的构造由哪些部分组成？各部分作用如何？

答：一幢民用建筑，一般是由基础、墙体（或柱）、楼板层及地坪层、楼梯、屋顶和门窗等几大部分构成的。

基础是位于建筑物最下部的承重构件。它的作用是把房屋上部的荷载传给地基。

墙体（或柱）是建筑物垂直方向的承重构件。外墙还起围护作用，内墙起分隔作用。

楼板层及地坪层是建筑物水平方向的承重构件，并分隔建筑物的竖向空间。

楼梯是楼房建筑的垂直交通设施，供人们上下楼层和紧急疏散之用。

屋顶是建筑顶部的承重兼围护构件，承受建筑物上部的荷载并传给墙或柱，且要满足屋顶的保温、隔热、排水、防火等功能。

门窗是提供内外交通、采光、通风、隔离的围护构件。

3．房屋构造设计要遵循哪些原则？

答：（1）必须满足建筑使用功能要求

由于建筑使用性质和所处条件、环境的不同，则对建筑构造设计有不同的要求。

（2）必须有利于结构安全

建筑物除根据荷载大小、结构的要求确定构件的必需尺度外，对一些零、部件的设计，如阳台、楼梯栏杆、顶棚、墙面、地面的装修，门、窗与墙体的结合以及抗震加固等，都必须在构造上采取必要的措施，以确保建筑物在使用时的安全。

（3）必须适应建筑工业化的需求

为了提高建筑速度，改善劳动条件，保证施工质量，在构造设计时，应大力推广先进技术，选用各种新型建筑材料，采用标准设计和定型构件，为构、配件的生产工厂化、现场施工机械化创造有利的条件，以适应建筑工业化的需要。

（4）必须追求建筑经济的综合效益

（5）必须注意美观

构造方案的处理还要考虑其造型、尺度、质感、色彩等艺术和美观问题。

总之，在构造设计中，全面考虑坚固适用、技术先进、经济合理、美观大方，是最基本的原则。

第五章 基础与地下室

一、填空题

1. 不是
2. 500
3. 26°~32°、<45°
4. 条形基础、独立基础、井格式基础、筏形基础、箱形基础、桩基础
5. C7.5~C15
6. ≤5、>5
7. 压实、桩基、拱土
8. 200mm
9. 200mm
10. 基础、地基
11. 人工地基、天然地基
12. 低于地下室地板标高
13. 冰冻线以下

二、单项选择题

1. B 2. B 3. B 4. D 5. D

三、名词解释

1. 地基：基础底面以下，受到荷载作用影响范围内的部分土层，不是建筑的一部分。

2. 基础：建筑物的墙或柱埋在地下的扩大部分，是建筑物的一部分。它承受上部结构传下来的全部荷载，并把这些荷载连同本身重量一起传到地基上，它是建筑物的构造组成部分，承受着建筑物的全部荷载，并将荷载传给地基。

3. 天然地基：指天然状态下即具有足够的承载力，不需经过人工处理的地基，如：岩石、碎石土、砂土、黏性土和人工填土等。

4. 人工地基：当土层的承载力较差或虽然土层好，但上部荷载较大时，为使地基具有足够的承载力，需要对土层进行人工处理的地基。

5. 基础埋置深度：指从室外设计地面至基础底面的垂直距离。

6. 刚性基础：由砖石、毛石、素混凝土、灰土等刚性材料制作的基础。受刚性角的限制。

7. 柔性基础：不受刚性角限制的钢筋混凝土基础称为柔性基础。

8. 单独基础：基础为独立的柱墩形式，是柱下基础的基本形式。

9. 条形基础：连续的长条形基础。当建筑物上部结构为墙承重或密集的柱子承重时经常采用。

10. 箱形基础：当基础需深埋时，可将钢筋混凝土筑成有底板、顶板和若干纵横墙为整体的空心箱形结构，称为箱形基础。

11. 刚性角：指刚性基础的允许宽与高所夹的角，是为保证基础不被拉力、剪力破坏，必须限制基础的挑出长度与高度之比。

12. 全地下室：地下室室内地坪距室外地坪的高度为地下室净高的1/2以上时，称为全地下室。

13. 半地下室：地下室室内地坪距室外地坪的高度为地下室净高的1/3～1/2时，称为半地下室。

四、问答题

1．建筑物基础的作用是什么？地基与基础有何区别？

答：基础是建筑地面以下的承重构件，它承受建筑物上部结构传下来的全部荷载，并把这些荷载连同本身的重量一起传到地基上。

地基则是承受由基础传下的荷载的土层。基础是房屋的重要组成部分，而地基与基础又密切相关。

2．何谓基础埋置深度？主要考虑了哪些因素？

答：由室外设计地面到基础底面的距离，叫基础的埋置深度。主要应考虑以下的几个条件：

（1）与地基的关系　由于地基土形成的地质变化不同，每个地区的地基土的性质也就不会相同，即使同一地区，它的性质也有很大的变化，必须综合分析，求得最佳埋深。

（2）地下水位的影响　地下水对某些土层的承载能力有很大影响，一般基础应争取埋在最高水位以上。当地下水位较高，基础不能埋在最高水位以上时，宜将基础底面埋置在最低地下水位以下200mm。

（3）冻结深度与基础埋深的关系　冻结土与非冻结土的分界线称为冻土线。各地区气候不同，低温持续时间不同，冻土深度亦不相同。

（4）其他因素对基础埋深的影响　如相邻基础的深度，拟建建筑物是否有地下室、设备基础等因素的影响。

3．基础按构件形式不同分为哪几种？各自的适用范围是什么？

答：按其构造形式不同可以分为单独基础、条形基础、井格基础、片筏基础、箱形基础、桩基础。

单独基础　常用于柱下，也可用于墙下。

条形基础　常用于墙下，也可用于密集的柱下。

井格基础　常用于土质较弱或荷载较大的柱下。

片筏基础　常用于土质很弱的柱下或墙下。

箱形基础　用于荷载很大或浅层地质条件较差或下部需设地下室的建筑。

桩基础　用于浅层地基上不能满足建筑物对地基承载力和变形的要求，而又不适于采取地基处理措施时的情况。

4. 地下室何时需做防潮处理？

答：当地下水的常年水位和最高水位都在地下室地坪标高以下时，地下水不能直接浸入室内，墙和地坪仅受到土层中地潮的影响。所谓地潮是指土层中的毛细管水和地面水下渗而造成的无压水，这时地下室只需做防潮处理。

5. 地下室何时需做防水处理？

当设计最高地下水位高于地下室地坪，这时，地下室的外墙和地坪均受到水的侵袭，地下室外墙受到地下水侧压力的影响，地坪受到地下水浮力的影响。地下水侧压力的大小是以水头为标准的。水头是指最高地下水位至地下室地面的垂直高度，以米计。水头越高，则侧压力越大。这时必须考虑对地下室做垂直防水和对地坪做水平防水处理。

6. 确定地下室防潮或防水的依据是什么？

答：主要依据是地下水位的高低，当设计最高水位低于地下室底板且周围无形成滞水可能时，地下室的外墙、底板需做防潮处理。当设计最高水位高于地下室底板时，其外墙、底板均需做防水处理。

7. 地下室卷材外防水的层数是如何确定的？

答：卷材的层数是根据水压即地下室的最大计算水头确定的。

8. 当地下室的底板和墙体采用钢筋混凝土结构时，可采取何措施提高防水性能？

答：可采取自防水方式。通常有两种方法：一是骨料级配混凝土，是采用不同粒径的骨料进行级配并提高混凝土中水泥砂浆的含量，使砂浆充满于骨料之间，从而堵塞因骨料间不密实而出现的渗水通路，提高防水性能；二是外加剂混凝土，是在混凝土中加加气剂或密实剂以提高抗渗性能。

第六章　墙

一、单项选择题

1. B	2. D	3. A	4. B	5. B
6. C	7. C	8. A	9. C	10. D
11. A	12. D	13. B	14. B	15. D
16. A	17. B	18. B	19. D	20. A
21. C	22. A	23. D	24. B	25. A

二、填空题

1. 块材墙、板筑墙、板材墙

2. 240mm×115mm×53mm

3. 水泥砂浆、石灰砂浆、混合砂浆、水泥砂浆、混合砂浆

4. 横墙承重、纵墙承重、纵横墙承重

5. 600～1000mm、150～200mm

6. 两道水平防潮层、一道垂直防潮层

7. 钢筋混凝土过梁、钢筋砖过梁、砖过梁

8. 墙厚、120mm、C15

9. 伸缩缝、沉降缝、防震缝

10. 块材隔墙、骨架隔墙、板材隔墙

11. 抹灰类、贴面类、涂料类、裱糊类、铺钉类

12. 普通抹灰、中级抹灰、高级抹灰

13. 有机涂料、无机涂料

14. 围护

15. 钢筋砖

16. 240

17. 5

18. 180mm 或 240mm

19. 实体墙、空体墙、组合墙

20. 3%

21. 90mm、60mm

22. 保护、改善环境条件满足房屋要求、美观

23. 实体基层、骨架基层

24. 内墙面、地面、顶棚

25. 抹灰、贴面、涂料、抹灰、贴面、涂料、裱糊
26. 底灰、中灰、面灰
27. 承重部分、基层、面层
28. ≥附加圈梁与原有圈梁垂直距离的2倍且≥1000mm

三、名词解释

1. 承重墙：承受楼板或屋顶传来的荷载的墙体。
2. 自承重墙：不承受外来荷载，仅承受自身重量并将其传至基础的墙体。
3. 隔墙：分隔建筑物内部空间，自身重量由楼板或梁来承担的墙体。
4. 横墙承重：楼面及屋面板等水平构件搁置在横墙上。
5. 纵墙承重：楼板及屋面板等水平构件搁置在纵墙上，横墙只起分隔空间和连接纵墙的作用。
6. 刚性基础：由砖石、毛石、素混凝土、灰土等刚性材料制作的基础，受刚性角的限制。
7. 墙柱混合承重：内部采用柱梁组成的内框架承重，四周采用墙承重。
8. 勒脚：墙身接近室外地面的部分，高度一般指室内地面与室外地面的高差。
9. 明沟：设置在外墙四周的排水沟，它将水有组织的导向积水井，然后流入排水系统。
10. 散水：沿建筑外墙四周地面设置的3%～5%的倾斜坡面。
11. 过梁：支承门窗洞口上墙体和楼板传来的荷载，并传递给两侧墙的水平承重构件。
12. 圈梁：沿外墙四周及部分内墙的水平方向设置的连续闭合的梁。

四、问答题

1. 墙体设计要求有哪些？

答：具有足够的强度和稳定性，满足保温、隔热等热工方面的要求，满足隔声要求，满足防火要求，满足防潮、防水经济及建筑工业化等要求。

2. 墙的作用是什么？

答：外墙是房屋的外围护结构，起着挡风、阻雨、保湿、隔热等围护室内房间不受侵袭的作用，内墙主要起分隔房间的作用。

3. 墙体的组砌方法如何？

答：组砌是指砌块在砌体中的排列。组砌的关键是错缝搭接，使上下皮砖的垂直缝交错，保证砖墙的整体性。上下皮之间的水平灰缝称横缝，左右两块之间的垂直缝称竖缝。要求丁砖和顺砖交替砌筑，灰浆饱满，横平竖直。

4. 普通黏土砖墙的砖模尺寸与建筑模数是否一致？如何协调二者关系？

答：普通黏土砖墙的砖模为125mm，建筑的基本模数为100mm，二者不统一。在工程设计中房屋的开间和进深采用3M（300mm）的整数倍，为避免在实际施工中砍砖过多，常采取以下办法：墙体长度小于1.5m时，设计时宜使其符合砖模，如115mm、240mm、365mm、490mm、615mm、740mm等，墙段长度大于1.5m时，可不再考虑砖

模数，以建筑模数为依据设计。

5. 墙体的保温措施有哪些？

答：（1）提高外墙保温能力减少热损失：

1）增加外墙厚度，使传热过程延缓，达到保温目的；

2）选用孔隙率高，密度轻的材料做外墙；

3）采用多种材料的组合墙，解决保温和承重双重问题。

（2）防止外墙中出现凝结水。

（3）防止外墙中出现空气渗透。

6. 墙体的隔声能力主要取决于哪些方面？

答：（1）加强墙体的密缝处理。

（2）增加墙体密实性及厚度，避免噪声穿透墙体及墙体震动。

（3）采用有空气间层或多孔性材料的夹层墙。

（4）在建筑总平面中考虑隔声问题，将不怕噪声干扰的建筑靠近城市干道布置，这样对后排建筑起隔声作用。

7. 墙身防潮层的作用是什么？水平防潮层的位置如何确定？

答：墙身防潮层的作用是防止土壤中的水分沿基础墙上升，使位于勒脚处地面水渗入墙内，导致墙身受潮。水平防潮层位置分不透水性地面和垫层及透水性地面和垫层，二者有所不同。对于不透水性地面和垫层，防潮层上表面设置在室内地坪以下 60mm 处；对于透水性地面和垫层防潮层上表面提高到室内地坪以上 60mm 处。垂直防潮层的设置情况是：相邻房间地面有高差时，应在墙身内设置高低两道水平防潮层，并在靠土壤一侧设置垂直防潮层，以免回填土中的潮气侵入墙身。

8. 窗洞口上部过梁的常用做法有哪几种？各自的适用范围是什么？

答：有三种，即砖拱过梁、钢筋砖过梁和钢筋混凝土过梁。砖拱过梁适用于洞口跨度在 1.8m 以内，钢筋砖过梁为 2.0m 以内，二者不宜用于洞口上有集中荷载、振动较大、地基土质不均匀或地震区等情况；钢筋混凝土过梁，具有坚固耐用、施工简便等特点，可用于较大洞口或有集中荷载等情况，目前广泛采用。

9. 过梁的作用是什么？

答：过梁用来支撑门窗洞口上墙体的荷重，承重墙上的过梁还要支承楼板荷载。过梁是承重构件。

10. 砖砌平拱过梁的构造要点是什么？

答：（1）过梁高为一砖，且为竖砌和侧砌，砌筑时灰缝应为上宽下窄的楔形，灰缝上部宽度不宜大于 15mm，下部宽度不宜小于 5mm。

（2）砌筑中部起拱高度为洞口跨度的 1/50。

（3）砌筑砂浆不低于 M2.5。

（4）砖砌平拱过梁净跨度宜小于等于 1.2m，不应超过 1.8m。

11. 窗台的构造及设计要点是什么？

答：（1）悬挑窗台向外挑 60mm，窗台长度最少每边应超过窗宽 120mm。

（2）窗台表面应做抹灰或贴面处理。侧砌窗台可做水泥砂浆勾缝的清水窗台。

（3）窗台表面应做一定的排水坡度，并应注意抹灰与窗下槛的交接处理，防止雨水向室内渗入。

（4）挑窗台下做滴水槽或斜抹水泥砂浆，引导雨水垂直下落不致影响窗下墙面。预制混凝土挑窗台施工速度快。

12．散水的作用是什么？散水的宽度如何确定？散水的坡度多大？

答：为保护墙基不受雨水的侵蚀，常在外墙周围将地面做成向外倾斜的坡面，以便将屋面雨水排至远处，这一坡面称为散水或护坡。散水所用的材料与明沟相同，散水的坡度约为3%～5%，宽一般为600～1000mm。当屋面排水方式为自由落水时，要求其宽度较屋顶出檐200mm。

13．什么时候采用明沟排水？什么时候采用散水？

答：房屋周围的明沟或散水任做一种，一般雨水较多地区多做明沟，干燥地区多做散水。

14．什么叫勒脚？勒脚的作用是什么？常用的做法有哪几种？

答：勒脚是墙身接近室外地面的部分，高度一般指室内地面与室外地面的高差。勒脚的作用是防止外界碰撞，防止地表水对墙脚的侵蚀，增强建筑物立面美观。常用的做法有：

（1）对一般建筑，可采用20～30mm厚抹面，如1:3水泥砂浆抹面，1:2.5水泥白石子水刷石或斩假石抹面。

（2）标准较高的建筑可采用天然石材或人工石材贴面，如花岗石、水磨石等。

（3）在勒脚部位加厚墙体厚度，再做饰面。

（4）整个墙脚采用强度高、耐久性和防水性好的材料砌筑，如毛石、块石、混凝土等。

15．墙面装修的作用及类型是什么？

答：作用是：（1）保护墙体，提高墙体的耐久性；

（2）改善墙体的热工性能，光环境，卫生条件等使用功能；

（3）美化环境，丰富建筑的艺术形象。

由于材料和施工方式的不同，常见的墙面装修可分为抹灰类、贴面类、涂料类、裱糊类和铺钉类等五类。

16．什么是抹灰类墙面装修？有哪些构造层次？各层的作用及做法是什么？

答：抹灰类墙面装修又称粉刷，是把砂浆用抹具抹在墙面上，然后再进行表面加工。

有三个构造层次，即：底层、中层、面层。

各层作用及做法：

底层　作用：粘结、初步找平。

做法：（1）厚度5～15mm。

（2）底层灰浆用料视基层材料而异：

1）普通砖墙为石灰砂浆、混合砂浆；

2）混凝土墙为水泥砂浆、混合砂浆；

3）板条墙为麻刀石灰砂浆、纸筋石灰砂浆；

4）防水防潮墙体为水泥砂浆、水泥混合砂浆。

中层　作用：找平。

做法：与底层基本相同，厚度为5～12mm。

面层　作用：装修。

做法：可作成不同质感，厚度为3～5mm。

17．什么是贴面类墙面装修？常见贴面类装修有哪些？

答：贴面类装修指将各种天然石材或人造板块，通过绑、挂或粘贴于基层表面的装修做法。

常见贴面类装修有：天然石板类，如花岗岩板、大理石板；

人造石板块类如水磨石板、水刷石板、剁斧石板；

其他人造板块类如各种面砖、瓷砖、锦砖。

18．什么是涂料类墙面装修？涂料施涂方法有哪些？

答：涂料类墙面装修指利用各种涂料敷于基础层表面而形成完整牢固的膜层，从而起到保护和装饰墙面的一种装修做法。涂料施涂方法有刷涂、弹涂、滚涂、喷涂。

19．一般抹灰墙面如何分级？

答：抹灰按质量要求和主要工序划分为三种标准：

普通抹灰：一层底灰，一层面灰，总厚度不大于18mm。

中级抹灰：一层底灰，一层中灰，一层面灰，总厚度不大于20mm。

高级抹灰：一层底灰，数层中灰，一层面灰，总厚度不大于25mm。

20．什么叫装饰抹灰？水刷石、斩假石、水磨石墙面的构造如何？

答：装饰抹灰常用的有水刷石面、水磨石面、斩假石面、干粘石面、喷涂面等。抹灰饰面均以石灰、水泥等为胶结材料，掺入砂、石骨料用水拌合后，采用抹、刷、磨、斩、粘等不同方法施工。

21．圈梁的位置、数量如何确定？

答：圈梁设在房屋四周外墙及部分内墙中，处于同一水平高度，其上表面与楼板面平，像箍一样把墙箍住。多层砖混结构房屋圈梁的位置和数量是：一般3层以下设1道，四层以上根据横墙数量及地基情况，隔1层或2层设1道，防震烈度8、9度时，每层楼板设1道。其中内横墙：防震烈度6、7度时，屋顶处间距不大于7m，楼板处间距不大于15m，构造柱对应部位都应设置圈梁；防震烈度8、9度时，各层所有横墙全部设圈梁。

22．确定墙体厚度主要考虑哪些因素？

答：墙体厚度与所用材料、受力情况等有关系。

23．常见墙的厚度有哪些规格？其名义厚度和构造厚度分别是多少？

答：

墙　厚　名　称	习惯称呼（名义厚度）	实际尺寸（构造厚度）mm
半砖墙	12墙	115
3/4砖墙	18墙	178
一砖墙	24墙	240
一砖半墙	37墙	365
二砖墙	49墙	490
二砖半墙	62墙	615

24．圈梁的作用有哪些？设置原则主要有哪些？

答：圈梁的作用有：

（1）加强房屋的整体刚度和稳定性；

（2）减轻地基不均匀沉降对房屋的破坏；

（3）抵抗地震力的影响。

圈梁的设置原则有：

（1）屋盖处必须设置，楼板处视具体情况逐层或隔层设置，当地基不好时，在基础顶面也应设置；

（2）圈梁主要沿纵墙设置，内横墙大约10～15m设置一道；

（3）圈梁的设置随抗震设防要求的不同而不同，详见《建筑抗震设计规范》有关规定。

25．构造柱的作用、位置、做法如何？

答：作用是与圈梁一起形成封闭骨架，提高砖混结构的抗震能力。加设原则主要有：位置设在外墙四角、错层部位横墙与外纵墙交接处、较大洞口两侧、大房间内外墙交接处。截面尺寸与配筋——截面尺寸宜采用240mm×240mm，最小断面为240mm×180mm，竖向钢筋一般用$\phi12$，钢箍间距不大于250mm，随烈度加大和层数增加，房屋四角的构造柱可适当加大截面及配筋。

26．构造柱的构造要点有哪些？

答：（1）截面尺寸与配筋——截面宜采用240mm×240mm，最小断面为240mm×180mm；最小配筋量：主筋$4\phi12$，箍筋$\phi6@250$，在每层楼面的上下和地圈梁的上部各500mm的范围内箍筋间距加密为100mm；

（2）构造柱的下部应伸入地圈梁内，无地圈梁时应伸入室外地坪下500mm处，构造柱的上部应伸入顶层圈梁，以形成封闭骨架；

（3）构造柱两侧的墙体应做到"五进五出"，即每300mm高伸出60mm，每300mm高再收回60mm。构造柱外侧应该有120mm的保护墙；

（4）为加强构造柱与墙体连接，应沿柱高每8皮砖（相当于500mm）放$2\phi6$钢筋，且每边伸入墙内不小于1m；

（5）施工时，先放钢筋骨架，再砌砖墙，最后浇筑混凝土。（一般砌筑一层或3m左右砖墙即灌注混凝土一次）这样做，既使构造柱与墙体结合牢固，又节省了模板。

27．简述1/2砖隔墙构造要点。

答：（1）长度、高度 砌筑砂浆为M2.5时，长度不宜超过5m，高度不宜超过3.6m；砌筑砂浆为M5时，长度不宜超过6m，高度不宜超过4m；长度超过6m时，应设砖壁柱，高度超过4m时，应在门过梁处设通长混凝土现浇带。

（2）设置钢筋 一般沿高度每隔500mm设置$2\phi4$钢筋，或每隔1.2～1.5m设一道30～50mm厚的水泥砂浆层，内外$2\phi6$钢筋。

（3）顶部与楼板交接处应用立砖斜砌，或留30mm的空隙塞木楔打紧，然后用砂浆填缝。

（4）隔墙上开门 需预埋防腐木砖、铁件，或将带有木楔的混凝土预制块砌入隔墙中，以便固定门框。

28. 简述加气混凝土砌块隔墙构造要点。

答：(1) 厚度由砌块尺寸确定，一般为 90～120mm。

(2) 墙下部实砌 3～5 皮黏土砖再砌砌块。

(3) 砌块不够整块时宜用普通黏土砖填补。

(4) 砌块隔墙的其他加固方法同普通黏土砖。

五、绘图题（略）

第七章 楼 地 层

一、填空题

1．木楼板、砖楼板、钢筋混凝土楼板
2．面层、结构层、顶棚
3．900～1200mm
4．120～150mm
5．4～7m、5～9m
6．木楼板、砖拱楼板、钢筋混凝土楼板、钢楼板
7．挑阳台、凹阳台、半挑半凹阳台
8．现浇式、装配式、装配整体式
9．矩形、T形、十形、花篮形
10．100mm、80mm
11．非刚性、刚性
12．1～1.5m、60mm、1000mm

二、单项选择题

1．C　　2．C　　3．B　　4．C　　5．A
6．A　　7．D

三、名词解释

1．板式楼板：楼板内部设置梁，将板直接搁置在墙上的楼板。
2．无梁楼板：无梁楼板是将楼板直接支承在柱上，不设主梁和次梁。
3．整体地面：用现场浇筑的方法做成整片的地面。如水泥砂浆地面、现浇水磨石地面等。
4．块材地面：利用各种块材铺贴而成的地面。如瓷砖地面、石块地面、木地面等。
5．卷材地面：用成卷的铺材铺贴而成的地面。如塑料地毡、橡胶地毡、地毯等。
6．涂料地面：利用涂料涂刷或涂刮而成的地面。如地板漆地面。
7．顶棚：顶棚是指楼板层最下面的装修层。起装饰室内空间，改善室内采光和卫生条件等作用。
8．直接式顶棚：直接在钢筋混凝土楼板下做饰面而形成的顶棚。
9．散水：沿建筑外墙四周地面设置的3%～5%的倾斜坡面。
10．吊顶：即悬吊式顶棚。指悬挂在屋顶或楼板下，由骨架和面板所组成的顶棚。
11．雨篷：设置在建筑出入口处，起遮挡雨雪，保护外门，丰富建筑立面等作用。

四、简答题

1. 简述水磨石地面的构造要点。

答：水磨石地面系分层构造。在结构上常用 10～15 厚 1:3 水泥砂浆打底，10 厚 1:1.5～1:2.0 水泥、石渣粉面。石渣要求用颜色美观的石子，中等硬度，易磨光，故多用白云石或彩色大理石石渣，其粒径为 3～20mm。水磨石有水泥本色和彩色两种。后来系采用彩色水泥或白水泥加入颜料以构成美丽的图案，颜料以水泥重的 4%～5% 为好。

2. 地板按构造形式不同分为哪几种？各自的特点、适用范围？

答：(1) 整体类地面，包括水泥砂浆、细石混凝土、水磨石及菱苦土等；

(2) 镶铺类地面，包括黏土砖、大阶砖、水泥花砖、缸砖、陶瓷锦砖、地砖、人造石板、天然石板及木地板等；

(3) 粘贴类地面，包括油地毡、橡胶地毡、塑料地毡及无纺织点等地面；

(4) 涂料类地面，包括各种高分子合成涂料所形成的地面。

3. 举例说明吊顶棚中吊筋的固定方法。

答：吊筋一般采用直径为 $\phi4$ 钢筋或 8 号镀锌钢丝或直径 $\phi6$ 螺栓，中距 900～1200mm，固定在楼板下。吊筋头与楼板的固结方式可分为吊钩式、钉入式和预埋式，然后在吊筋的下端悬吊主龙骨。当主龙骨系匚形截面时，吊筋借吊挂配件悬吊主龙骨。如果主龙骨为⊥形截面时，则吊筋可钩在主龙骨上，然后再于主龙骨下悬吊吊顶次龙骨。

4. 楼地层的作用是什么？设计楼（地）面有何要求？

答：楼地层是多层建筑中的水平分隔构件。它一方面承受着楼地层上的全部荷载，并将这些荷载连同自重传给墙或柱；另一方面还对墙身起着水平支撑作用，帮助墙身抵抗由于风或地震等所产生的水平力，以增强建筑物的整体刚度。而且还应为人们提供一个美好而舒适的环境。对楼地层的设计要求：①从结构上考虑，楼地层必须具有足够的强度，以确保使用安全；同时，还应有足够的刚度，使其在荷载作用下的弯曲挠度不超过许可范围，否则会产生非结构性破坏。②设计楼地层时，根据不同的使用要求，要考虑隔声、防水、防火等问题。③在多层或高层建筑中，楼板结构占相当大的比重，要求在楼地层设计时，尽量为建筑工业化创造有利条件。④多层建筑中，楼地层的造价约占建筑造价的 20%～30%，因此，在楼地层设计时，应力求经济合理；在结构布置、构件选型和确定构造方案时，应与建筑物的质量标准和房间使用要求相适应，以避免不切实际的处理而造成浪费。

5. 现浇钢筋混凝土楼板有哪些类型？有什么特点？适用范围是什么？

答：类型有：(1) 板式楼板；(2) 梁板式楼板；

(3) 压型钢板组合楼板；(4) 无梁楼板。

特点：具有整体性好、刚度大，利于抗震，梁板布置灵活等特点，但其模板耗材大，施工速度慢，施工受季节限制。

适用范围：地震区及平面形状不规则或防水要求较高的房间。

6. 楼地层各由哪些构造层次组成？各层次的作用是什么？

答：楼地层包括楼板层和地坪层，是分隔房屋空间的水平承重构件，楼板层分隔上下楼层空间，地坪层直接与土壤相连。

7. 楼地层的要求有哪些？

答：具有足够的强度和刚度，满足隔声、热工、防火、防潮、防水、经济及敷设管线等要求。

8. 预制钢筋混凝土楼板的特点是什么？常用的板型有哪几种？

答：特点是可节省楼板，改善劳动条件，提高生产效率，加快施工速度并利于推广建筑工业化，但楼板的整体性差。

常用板型有实心板、空心板、槽形板等。

9. 现浇钢筋混凝土肋梁板中各构件的构造尺寸范围是什么？

答：一般情况下，主梁的经济跨度为5～8m，梁高为跨度的1/8～1/14，梁宽为梁高的1/2～1/3。

次梁的经济跨度为主梁的间距，即4～6m，次梁高为其跨度的1/12～1/18，宽度为高度的1/3～1/2。

板的跨度为次梁的间距，一般为1.5～3m，厚度为其跨度的1/40～1/45，且一般不小于60mm。

10. 简述实铺木地面的构造要点。

答：(1) 先在基层上刷冷底子油一道，热沥青马蹄脂两道；

(2) 在基层上钉小搁栅，常为50mm×60mm方木，中距40mm；

(3) 在小搁栅上钉木地板，此时将钉从板侧边钉入木搁栅，板面不留钉孔，木板的端缝应互相错开。

11. 装配式钢筋混凝土楼板有哪些类型？

答：可分为现浇式、装配式和装配整体式三种。

12. 装配式钢筋混凝土楼板的支承梁有哪些形式？采用何种形式可以减少结构高度？

答：有矩形、T形、十字形、花篮形等。矩形截面梁外形简单，制作方便；T形截面梁较矩形截面梁自重轻；采用十字形或花篮梁可减少楼板所占的空间高度。

13. 装配式楼板的接缝形式有哪些？缝隙如何处理？

答：有V型、U型和槽型。当其缝不大于30mm时，用细石混凝土灌实即可，当板缝大于等于50mm时，应在缝中加钢筋网片再灌细石混凝土；当板缝小于等于120mm时，可将缝留在靠墙处，沿墙挑砖填缝；当板缝大于120mm时，可采用钢筋骨架，现浇板带处理。

14. 排预制板时，板与房间的尺寸出现差额如何处理？

答：在排板过程中，当板的横向尺寸（板宽方向）与房间平面尺寸出现差额时，可采用以下办法解决：当缝差在60mm以内时，调整板缝宽度；当缝差在60～120mm时，可沿墙边挑两皮砖解决；当缝差超过120mm且在200mm之内，或因竖向管道沿墙边通过时，则选用局部现浇板带的办法解决；当超过200mm，则需要重新选择板的规格。

15. 楼板在墙上与梁上的支承长度如何？

答：为保证楼板安放平整，且使板与墙或梁有很好的连接，首先应使板有足够的搁置宽度，一般板在墙上的搁置宽度应不小于80mm，在梁上的搁置宽度应不小于60mm；同时，必须在梁或墙上铺以水泥砂浆以找平。坐浆厚20mm左右，此外，为增强房屋的整体刚度，对楼板与墙体之间以及楼板之间常用锚固钢筋予以锚固。

16．什么叫装配整体式楼面？什么叫叠合楼板？

答：装配整体式楼板是将楼板中的部分构件预制，然后到现场安装，再以整体浇筑其余部分的办法连接而成的楼板。预制薄板与现浇混凝土面层叠合而成的装配整体式楼板称叠合楼板。

17．楼地面分为哪几类？哪些地面是整体式地面，哪些地面是块料地面？

答：按面层所用材料和施工方式的不同，常见的可分为：整体类地面、块材类地面、卷材类地面、涂料类地面。整体式地面有：水泥砂浆地面及细石混凝土地面、水磨石地面。块材类地面：凡利用各种人造或天然的预制块材、板材铺镶在基层上的地面有：铺砖地面、缸砖地面、陶瓷锦砖（马赛克）、天然石板地面。

18．水泥地面与水磨石地面的构造如何？

答：水泥地面有双层和单层构造之分，双层做法分为面层和底层，构造上常以15～20mm厚1:3水泥砂浆打底、找平，再以5～10mm厚1:1.5或1:2.0的水泥砂浆抹面。水磨石地面系分层构造，在结构上常用10～15厚1:3水泥砂浆打底找平，10厚1:1.5～1.2水泥、石渣粉面。石渣要求用颜色美观的石子，中等硬度，易磨光，故多用白云石或彩色大理石石渣，其粒径为3～20mm。水磨石有水泥本色和彩色两种。后来系采用彩色水泥或白水泥加入颜料以构成美丽的图案，颜料以水泥重的4%～5%为好。

19．水磨石地面的分格作用是什么？分格材料有哪些？

答：水磨石地面的分格作用：一是为了将大面积分为小块，可以防止面层开裂；二是万一局部损坏，不致影响整体，维修也较方便；三是可按设计图案定出不同式样和颜色，增加美观。分格材料有：玻璃条、铜条、铝条等。

20．说明提高楼地面的隔声能力的措施有哪些？

答：在楼面上铺设富有弹性的材料，如铺设地毯、橡胶地毡、塑料地毡、软木板等。

21．阳台的类型如何？阳台的设计要求有哪些？

答：有挑阳台、凹阳台和半挑半凹阳台，应满足安全、坚固。挑阳台及半挑半凹阳台的出挑部分的承重结构均为悬臂结构，阳台挑出长度应满足结构抗倾覆的要求，以及保证结构安全。阳台栏杆、扶手构造应坚固、耐久，并给人们以足够的安全感，栏杆高度一般不低于1m，适用、美观。阳台挑出长度根据使用要求确定，一般为1～1.5m。阳台地面应低于室内地面60mm左右，以免雨水流入室内，并应做一定坡度和布置排水设施，使排水顺畅。阳台栏杆应结合地区气候特点，并满足立面造型的需要。

22．阳台按结构形式分为几类？

答：现浇悬挑阳台、预制板悬挑阳台、预制倒槽板阳台、预制悬挑阳台板、凹阳台。

23．阳台栏杆或栏板有哪些构造要求？与阳台地面如何连接？

答：阳台栏杆是在阳台外围设置的垂直构件，其作用有二：一是承担人们倚扶的侧向推力，以保障人身安全，二是对建筑起装饰作用。因此，作为栏杆既要考虑安全，又要注意美观，如多层住宅其竖向净高不小于1米。从外形上看，栏杆有实体和镂空之分。实体栏杆又称栏板，镂空栏杆其垂直杆件之间的净距离不大于130mm。阳台细部构造主要包括栏杆与扶手、栏杆与面梁、栏杆与阳台板、栏杆与花盆台的连接、以及栏杆、栏板的处理。混凝土栏杆可用插入面梁或扶手模板内现浇混凝土的方法固接。栏板有砖砌与现浇混凝土或预制钢筋混凝土板之分。砖砌栏板通常有顺砌和侧砌两种，无论哪种，为确保安

145

全，应在栏板中配置通长钢筋并现浇混凝土扶手，亦可设置构造小柱与现浇扶手固结。对预制钢筋混凝土栏板则用预埋钢板焊接。现浇混凝土栏板经支模、扎筋后，与阳台板或面梁、挑梁一道整浇。栏板两面需做饰面处理，可采用抹灰或涂料，亦可粘贴马赛克，但不宜作水刷石、干粘石之类饰面。阳台扶手宽一般至少120mm，当上面放置花盆时，其宽至少250mm，且外侧应有挡板。

24．雨篷的构造要点是什么？

答：雨篷是建筑物入口处位于外门上部用于遮挡雨水、保护外门免受雨水侵害到水平构件。多采用现浇钢筋混凝土悬臂板，其悬臂长度一般为1～1.5m。常见的钢筋混凝土悬臂雨篷有板式和梁板式两种。由于雨篷承受的荷载不大因此雨篷板的厚度较薄，通常还做成变截面形式；采用无组织排水的方式，在板底周边设滴水；对出挑较多的雨篷，多做成梁板式雨篷；为了美观同时也为了防止周边滴水，常将周边梁向上翻起成反梁式。为防止水舌阻塞而在上部积水，出现渗漏，在雨篷顶部及四侧需做防水砂浆粉面，形成泛水。

25．如何处理阳台、雨篷的排水与防水？

答：由于阳台外露，室外雨水可能飘入，为防止雨水从阳台上泛入室内，设计中应将阳台地面标高低于室内地面30～50mm，并在阳台一侧栏杆下设排水孔，地面用水泥砂浆粉出排水坡度，将水导向排水孔并向外排除。雨篷常用无组织排水方式，在板底四周设滴水，对出挑较多的雨篷，多做梁板式雨篷，为了美观同时也为了防止周边滴水，常将周边梁向上翻起成反梁式。为防止水舌阻塞而在上部积水，出现渗漏，在雨篷顶部及四侧需做防水砂浆粉面，形成泛水。

五、绘图题（略）

第八章 楼 梯

一、填空题

1．梯段、平台、栏杆扶手
2．18、3
3．木楼梯、钢楼梯、钢筋混凝土楼梯
4．楼层、中间（休息）
5．缓解疲劳、转换方向
6．现浇整体式、预制装配式
7．板式楼梯、梁式楼梯
8．2000mm、2200mm
9．梯段
10．踏面中心、900mm
11．预埋铁件焊接、预埋孔洞插接、螺栓连接
12．近踏口处、防滑条
13．一字形、锯齿形
14．900mm
15．300～400mm、100～150mm
16．中间、楼层、≥
17．机房、井道、轿厢

二、单项选择题

1．B	2．D	3．D	4．B	5．C
6．A	7．C	8．A	9．C	10．B
11．B	12．A	13．A	14．C	

三、名词解释

1．栏杆扶手的高度：栏杆扶手的高度是指从踏步面中心至扶手上表面的垂直距离。

2．明步：梯梁在踏步板下部，踏步外露，称为明步。

3．暗步：梯梁在踏步板上部，形成反梁，踏步包在梁内，称为暗步。

4．梯段净高：梯段净高是指踏步前缘线（包括最低和最高一级踏步前缘线以外0.3m范围内）至正上方突出物下缘间的垂直距离。

5．平台净高：平台净高是指平台面或楼地面到顶部平台梁底的垂直距离。

四、简答题

1. 楼梯是由哪几部分组成的？各部分的作用和要求是什么？

答：楼梯由三大组成部分

梯段——设有踏步供楼层上下行走的通道段落，是楼梯的主要使用和承重部分。踏步数量要求不超过 18 级，不少于 3 级。

平台——连接两个相邻楼梯段的水平部分。

楼层平台：与楼层标高一致的平台。

中间平台：介于两个相邻楼层之间的平台。

作用：缓解疲劳，转向。

栏杆（栏板）和扶手——装设于楼梯段和平台的边缘

作用：栏杆起围护作用，扶手作依扶用。

栏杆扶手的设计，应考虑坚固、安全、适用和美观等。

2. 楼梯是如何分类的？常见的楼梯有哪些形式？

答：楼梯分为：直行单跑楼梯、直行多跑楼梯、平行双跑楼梯、平行双分楼梯、平行双合楼梯、折行双跑楼梯、折行三跑楼梯、设电梯折行三跑楼梯、交叉跑楼梯、螺旋形楼梯、弧形楼梯。

常见的楼梯有：直行单跑楼梯、直行多跑楼梯、平行双跑楼梯。

3. 楼梯的坡度如何确定？踏步高与踏步宽与行人步距的关系如何？

答：楼梯的坡度一般在 20°～45°范围内，应根据建筑物使用性质和层高来确定。对使用频繁、人流密集的公共建筑，其坡度宜平缓些；对使用人数较少的居住建筑或某些辅助性楼梯，其坡度可适当陡些。踏步高与宽与行人步距的关系，通常用下公式表示：$2h + b = 600 \sim 620$mm 或 $h + b \approx 450$mm。式中 h——踏步高度（mm）；b——踏步宽度（mm）。

4. 一般民用建筑的踏步高与踏步宽的尺寸是如何限定的？在不增加梯段长度的情况下，如何加大踏步面宽？

答：楼梯踏步的尺寸决定了楼梯的坡度，反过来根据使用的要求选定了合适的楼梯坡度之后，踏步的踏面宽及踢面高之间也就被限制在一定的相关关系之中。除此之外，行走的舒适性也是决定选取踏步的绝对尺寸的重要因素。由于楼梯踏步的尺寸直接影响到整个楼梯所占据空间的大小，因此在进行设计的实际过程中，可以在一定的范围内取值及进行调查。假设楼梯踏步的踏面宽及踢面高分别为 b 和 h，根据经验可以参考以下公式来取值：$b + 2h = 600 \sim 620$mm 或 $h + b \approx 450$mm，其中 h 不应大于 180mm，b 不应小于 250mm。

5. 为什么楼梯平台的宽度常比楼梯宽度要大些？

答：梯段的宽度取决于同时通过的人流股数及是否经常通过例如家具或担架等特殊的需要，平台的宽度不应该小于梯段的宽度。当梯段较窄而楼梯作为主要楼梯的时候，平台的宽度应该加大，以利于带物转弯及家具、担架的通过。

6. 规定楼梯的净空高度有什么意义？尺寸是多少？

答：净空高度的控制：梯段上空净高大于 2200mm，楼梯平台处梁底下面的净高大于

2000mm。楼梯净高的控制不但关系到行走安全,而且在许多情况下还牵涉到楼梯下面空间的运用以及通行的可能性。

7. 当底层中间平台下做通道而平台净空高度不满足要求时,常采用哪些办法解决?

答:(1)长短跑梯段:将底层第一梯段增长,形成级数不等的梯段。

(2)降低地面:降低楼梯间底层的室内地面标高,以满足净空要求。

(3)综合以上两种方式,在采取长短跑梯段的同时,又降低底层的室内地面标高。

(4)底层用直行楼梯直接上二层。

8. 按施工方法钢筋混凝土楼梯可分为哪两类?各有什么优缺点?

答:可分为梁承式、墙承式和墙悬臂式等类型。梁承式一般在踏步板两端设一根斜梁,踏步板支承在梯斜梁上,由于构件小型化、不需要大型起重设备即可安装,施工方便。

9. 整浇的钢筋混凝土楼梯常见的结构形式有哪几种?各有什么特点?

答:有梁承式、梁悬臂式、扭板式等类型。梁承式楼梯由于其平台梁和梯段连接为一整体,比预制装配式梁承式钢筋混凝土楼梯受构件搭接支承关系的制约少。当梯段为梁板式楼梯时,梯斜梁可上翻或下翻;梁悬臂式楼梯一般为单梁或双梁悬臂支承踏步板和平台板。单梁悬臂常用于中小型楼梯或小品景观楼梯,双梁悬臂则用于梯段宽度大、人流量大的大型楼梯,可减小踏步板跨;扭板式楼梯底面平顺,结构占空间少,造型美观。

10. 什么叫板式楼梯,什么是梁式楼梯?各用在什么情况下,它们有什么不同?

答:板式楼梯,上面为明步,底面平整,结构形式有实心、空心之分;实心板自重较大。空心板有纵向和横向抽孔两种,纵向抽孔厚度较大,横向抽孔型可以是圆形或三角形的。梁式梯段的两侧有梁,梁板制成一个整件,一般在梁中间作三角形踏步形成槽板式梯段。这种结构形式比板式梯段节约材料,但其中三角形的踏步的用料还是比较多。

11. 装配式钢筋混凝土楼梯按构件的尺度不同大致可分为哪几类?有什么特点?

答:可分为两大类:小型构件装配式和中、大型构件装配式。

小型构件装配式楼梯的主要特点就是构件小而轻,易制作。但施工繁而慢,有些还要用较多人力和湿作业,适用于施工条件较差地区。中型或大型构件装配式,主要可减少预制件的品种和数量;可以利用吊装工具进行安装,对于简化施工过程,加快速度,减轻劳动强度等都有很大改进。

12. 小构件装配式楼梯的预制踏步形式有哪几种?

答:一般有一字形、L形和三角形三种。

13. 预制踏步的支承结构一般有哪几种?简述其构造。

答:(1)梁支承:预制踏步搁置在斜梁上形成梯段,梯段斜梁搁置在平台梁上,平台梁搁置在两边墙或柱上,而平台可用空心板或槽形板搁置在两边墙上,也可用小型的平台板搁置在平台梁和纵墙上。

(2)墙支承:把预制踏步搁置在两面墙上,而省去梯段上的斜梁。

(3)悬臂踏步楼梯:此种是小型预制构件中最方便、简单的一种构造形式。只要预制一种悬挑的踏步构件,按楼梯尺寸需要依次砌入砖墙内即可。

14. 踏步的踏面做法如何?防滑条做法有哪些?

答:踏步面层装修做法与楼层面层的装修方法基本相同。但由于楼梯是一幢建筑中的主要交通疏散部件，其对人流的导向性要求高，装修用材标准应高于或至少不低于楼地面装修用材标准，使其在建筑中具有明显醒目的地位，引导人流。同时，由于楼梯人流量大，使用率高，在考虑踏步面层装修做法时应选择耐磨、美观、不起尘的材料。根据造价和装修标准的不同，常用的有水泥豆石面层、普通水磨石面层、彩色水磨石面层、缸砖面层、大理石面层、花岗岩面层等。防滑条的做法有：水泥铁屑、金刚砂、金属条、陶瓷锦砖及带防滑条缸砖等。

15. 栏杆的构造如何？高度如何确定？作用如何？如何与楼梯固定？

答：栏杆形式可分为空花式、栏板式、混合式等。梯段栏杆扶手高度应从中心点垂直量至扶手顶面。其高度根据人体重心高度和楼梯坡度大小等因素确定。一般为900mm左右，供儿童使用的楼梯应在500~600mm高度增设扶手。与楼梯连接时一般在梯段和平台上预埋钢板焊接或预留孔插接。为了保护栏杆免受锈蚀和增强美观，常在竖杆下部装设套环，覆盖住栏杆与梯段或平台的栏杆接头洞，将扶手连接杆件伸入洞内，用细石混凝土嵌固。

16. 金属栏杆与扶手如何连接？

答：栏杆与硬木扶手的连接是用木螺丝将焊接在金属栏杆顶端的通长扁钢与扶手连接在一起；栏杆与塑料扶手的连接是将塑料扶手卡在栏杆顶端焊接的通长扁钢上，金属扶手与栏杆用焊接方式连接。

17. 栏板的构造如何？

答：栏板常采用砖、钢丝网水泥抹灰、钢筋混凝土等。

18. 台阶的构造如何？北方的台阶下如何设防冻层？

答：台阶一般不需要特别的基础，实铺的只要回填土至相应标高，用道渣或三和土排实，再浇上一层素混凝土就可以了。北方冬天气候较寒冷，实铺的台阶可以用换土法自冰冻线以下一点至所需标高，换上保水性差的混砂垫层，以减小冰冻的影响。

19. 坡道是如何防滑的？

答：坡道表面常做成锯齿形或带防滑条。

20. 楼梯的首层、标准层与顶层平面图有何不同？

答：在首层楼梯平面中，一般只有上行段，剖切线将梯段在人眼的高度处截断。标准层楼梯的上行段表示法同首层，下行段的水平投影线的可见部分至上行段剖切线处为止。顶层楼梯因为只有向下行一个方向，所以不会出现剖切线。

21. 楼梯起步和梯段转折处栏杆扶手如何处理？

答：在底层第一跑梯段起步处，为增强栏杆刚度和美观，可以对第一级踏步和栏杆扶手进行特殊处理；在梯段转折处，由于梯段间的高差关系，为了保持栏杆高度一致和扶手的连续，需根据不同的情况进行处理。当上下梯段齐步时，上下扶手在转折处同时向平台延伸半步，使两扶手高度相等，连接自然，但这样做缩小了平台的有效深度；如扶手在转折处不伸入平台，下跑梯段扶手在转折处需上弯形成鹤颈扶手，因鹤颈扶手制作较麻烦，也可以改用直线转折的硬接方式。当上下梯段错一步时，扶手在转折处不需要向平台延伸即可自然连接。当长短跑梯段错开时，将出现一段水平栏杆。

22. 楼梯的作用及设计要求有哪些？

答：楼梯的作用：交通与疏散。

设计要求：(1) 具有足够的通行能力，即保证有足够的宽度与合适的坡度；

(2) 保证楼梯通行安全，即有足够的强度、刚度，并具有防火、防烟、防滑的要求；

(3) 造型美观。

23．楼梯坡度的表达方式有哪些？

答：(1) 用斜面和水平面的夹角度表示；

(2) 用斜面的垂直投影高度与斜面的水平投影长度之比表示。

24．现浇钢筋混凝土楼梯有哪几种结构形式？各有何特点？

答：有板式楼梯和梁式楼梯两种。

板式楼梯底面平整，外形简洁，便于施工，但梯段跨度较大时，钢材和混凝土用量较多，自重较轻，荷载或梯段跨度较大时使用较经济，但支模和施工较复杂。

25．预制踏步有哪几种断面形式和支承方式？

答：断面形式有一字形、正反L形和三角形；

支承方式有梁承式、墙承式和悬挑式。

26．栏杆与梯段如何连接？

答：可采用预埋铁件焊接、预留孔洞插接、螺栓连接等方法。

27．栏杆扶手在平行楼梯的平台转弯处如何处理？

答：(1) 扶手伸入平台内约半个踏步宽。

(2) 将上下梯段错开一步布置。

(3) 将扶手断开。

28．室外台阶的构造要求是什么？通常有哪些做法？

答：构造要求室外台阶坚固耐磨，具有较好的耐久性、抗冻性和抗水性。通常做法有石台阶、混凝土台阶和钢筋混凝土台阶等。

29．电梯井道的构造要求有哪些？

答：具有足够的防火能力，应设置通风孔，应采取隔振及隔声措施，井道底坑和坑壁应做到防潮或防水处理。

30．简述楼梯的设计步骤。

答：(1) 根据建筑物的类别和楼梯在平面中的位置，确定楼梯的形式；

(2) 根据楼梯的性质和用途，确定楼梯的适宜坡度，选择踏步高 h，踏步宽 b；

(3) 根据通过的人数和楼梯间的尺寸确定楼梯间的楼梯段宽度 B；

(4) 确定踏步级数，$n = H/h$，踏步数 n 为整数，H 为房屋层高，结合楼梯形式，确定每个楼梯段的级数；

(5) 确定楼梯平台的宽度 B'；

(6) 由初定的踏步宽度 b 确定楼梯段的水平投影长度；

(7) 进行楼梯净空的计算，符合净空高度的要求；

(8) 绘制楼梯平面图及剖面图。

五、绘图题（略）

第九章 屋 顶

一、填空题

1．平屋顶、坡屋顶、其他形式屋顶
2．斜率法、百分比法、角度法
3．材料找坡、结构找坡
4．有组织排水、无组织排水
5．0.5%、200mm、7120mm
6．柔性防水屋面、刚性防水屋面、涂膜防水屋面、粉剂防水屋面
7．散料类、整体类、块类
8．正铺法、倒铺法
9．通风隔热、蓄水隔热、种植隔热、反射降温
10．硬山、悬山
11．300～500mm
12．山墙承重、屋架承重、梁架承重
13．挑檐、封檐
14．檩条、屋架

二、单项选择题

1．C	2．B	3．A	4．C	5．B
6．A	7．C	8．B	9．B	10．B
11．C	12．C	13．A	14．C	15．C

三、名词解释

1．材料找坡：又称为垫置坡度或填坡。是指将屋面板水平搁置，在屋面板上用轻质材料铺垫而形成屋面坡度的一种做法。

2．结构找坡：又称为搁置坡度或撑坡，是指将屋面板倾斜地搁置在下部的承重墙或屋面梁及屋架上而形成屋面坡度的一种做法。

3．无组织排水：又称自由落水，指雨水经屋檐直接自由落下。

4．有组织排水：指屋面雨水通过排水系统，有组织的排至室外地面或地下管沟的一种排水方式。

5．外排水：雨水经雨水口流入室外雨水管排至室外地面的方式。

6．内排水：雨水经雨水口流入室外雨水管，再由地下管将雨水排至室外雨水系统的方式。

7. 柔性防水屋面（卷材防水屋面）：利用防水卷材和胶粘剂结合形成连续致密的构造层来防水的一种屋顶。

8. 泛水：屋面防水层与垂直屋面突出物交接处的防水处理。

9. 无组织排水挑檐：从屋顶悬挑出不小于400mm宽的板，以利雨水下落时不致浇湿墙面的做法。

10. 有组织排水挑檐：在屋顶边缘处悬挑外排水天沟，并将雨水导向雨水口的做法。

11. 刚性防水屋面：以刚性材料作为防水层的屋面，如防水砂浆、细石混凝土、配筋细石混凝土等。

12. 正铺法保温屋面：保温层设在结构层之上，防水层之下的做法。

13. 倒铺法保温屋面：保温层设在防水层之上的做法。

14. 通风隔热屋面：在屋顶中设置通风的空气间层。

15. 蓄水隔热屋面：在屋顶上蓄积一层水，在太阳照射下，水受热而蒸发，达到降温隔热目的。

16. 种植隔热屋面：在屋顶上种植植物，利用植被的蒸腾和光合作用吸收太阳辐射热，达到隔热降温的目的。

17. 反射降温屋面：利用材料表面的颜色和光滑度对热辐射的反射作用，将一部分热量反射出来，达到降温目的。

18. 山墙承重：按屋顶坡度要求，将横墙上部砌成山尖形，在其上直接搁置檩条来承受屋顶重量的一种承重方式。

19. 屋架承重：在外纵墙或柱上搁置屋架，屋架上搁置檩条来承受屋顶的重量的一种承重方式。

20. 梁架承重：我国传统的结构形式，用柱和梁形成梁架支承檩条，然后每隔两根或三根檩条立一柱，利用檩条和联系梁（枋）把房屋组成一个整体骨架，墙只起维护和分隔作用。

四、简答题

1. 屋顶的作用及设计要求有哪些？

答：屋顶的作用：承重、维护、美观。

屋顶的设计要求：①强度和刚度要求；②防水排水要求；③保温隔热要求；④美观要求。

2. 屋顶外形有哪些形式？

答：平屋顶、坡屋顶、悬索屋顶、薄壳屋顶、拱屋顶、折板屋顶。

3. 影响屋顶排水坡度的因素有哪些？各种屋顶的排水坡度如何？

答：①防水材料尺寸大小的影响；②年降雨量的影响；③其他因素的影响。

坡屋顶应采用较大的坡度。一般为1:2~1:3。平屋顶屋面坡度一般为2%~3%。

4. 什么叫坡屋顶？什么叫平屋顶？

答：坡屋顶是指屋面坡度在1/12以上的屋顶。

平屋顶是指屋面坡度小于1/12的屋顶，最常用的坡度是2%~3%。

5. 平屋顶有什么特点？

答：特点是节省材料，屋顶上面可以利用，如作屋顶花园、屋顶游泳池等。

6．油毡防水屋面的泛水、天沟、檐沟、雨水口等细部构造如何？

答：泛水是指屋面防水层与高出屋面的垂直相交处的防水处理。其构造要点：

（1）应附加一层防水卷材；

（2）屋面与立墙相交处应将找平层做成直径不小于150mm的圆弧形或45°斜面，避免90°转角，以防卷材转折时被折断或产生空鼓；

（3）卷材在垂直面的立铺高度至少是250mm；

（4）卷材的收头要固定牢固，谨防脱落；

（5）收头上方墙体均应做好防水处理。檐口一般有无组织排水和有组织排水两种做法。雨水口通常是定型产品，分为直管式和弯管式两类，直管式适用于挑檐沟和女儿墙内檐沟，弯管式只适用于女儿墙外排水。

7．简述刚性防水屋面的基本构造层次及作用？

答：（1）结构层：预制或现浇钢筋混凝土面板，应具有足够的强度和刚度。

（2）找平层：保证防水层厚薄均匀。

（3）隔离层：为减少结构层变形及温度变化对防水层的不利影响，设于防水层之下，又叫浮筑层。

（4）防水层：刚性防水屋面的主要构造层次，可采用防水砂浆抹面或现浇配筋细石混凝土的做法。

8．何谓分仓缝？为什么要设分仓缝？应设在什么部位？分仓缝应如何处理？

答：分仓缝亦称分格缝，是防止屋面不规则裂缝以适应屋面变形而设置的人工缝。分仓缝应设在屋面温度年温差变形的许可范围内和结构变形敏感的部位。为了有利于伸缩，缝内不可用砂浆填实，一般用油膏嵌缝，厚度约20~30mm，为不使油膏下落，缝内用弹性材料泡沫塑料或沥青麻丝填底。

9．刚性防水屋面的泛水、天沟、檐沟、雨水口的细部构造如何？

答：凡屋面防水层与垂直墙面的交接处均须做泛水处理。一般是将细石混凝土防水层直接引伸到垂直墙面上，砖墙挑出1/4砖，抹水泥砂浆滴水线，泛水高度应大于150mm，细石混凝土内的钢筋网片也应同时上弯。檐口构造：①自由落水挑檐，可采用挑梁铺面板，将细石混凝土做到檐口，但要做好板和挑梁的滴水线。也可利用细石混凝土直接支模挑出，除设滴水线外，挑出长度不宜过大，要有负弯矩钢筋并设浮筑层。②檐沟挑檐：有现浇檐沟和预制屋面板出挑檐沟两种。采用现浇檐沟要注意其与屋面板之间变形不同可能引起的裂缝渗水。在屋面板上设浮筑层时，防水层可挑出50mm左右做滴水线，最好用油膏封口。当无浮筑层时，可将防水层直接做到檐沟，并增设构造钢筋。③包檐外排水：有女儿墙的外排水，一般采用侧向排水的雨水口，在接缝处应嵌油膏，最好上面再贴一段卷材或玻璃布刷防水涂料，铺入管内不少于50mm。也可加设外檐沟，女儿墙开洞。

10．什么叫无组织排水？什么叫有组织排水？

答：无组织排水：又称自由落水，指雨水经屋檐直接自由落下。

有组织排水：在屋顶边缘处悬挑外排水天沟，并将雨水导向雨水口的做法。

11．什么情况下采用有组织排水？什么情况下采用有组织的外排水？什么情况下采用有组织的内排水？

答：无组织排水又称自由落水。意指屋面雨水自由地从檐口排至室外地面。有组织排水是通过排水系统将屋面积水有组织地排至地面，即把屋面划分成若干排水区，使雨水有组织地排到檐沟中，经过水落口排至水落斗，再经水落管排到室外，最后排往城市地下排水管网系统。

12．常见的有组织排水方案有哪些？

答：可分为外排水和内排水两种基本形式，常用的外排水方式有女儿墙外排水，檐沟外排水，女儿墙檐沟外排水三种。

13．简述屋面排水设计步骤。

答：(1) 确定屋面排水坡面的数目，坡度的形成方法和坡度大小；

(2) 选择排水方式，划分排水分区；

(3) 确定天沟断面形式及尺寸；

(4) 确定雨水管所用材料、大小和间距，绘制屋顶排水平面图。

14．简述卷材防水屋面基本构造层次及作用。

答：(1) 结构层：预制或现浇钢筋混凝土屋面板，应具有足够的强度和刚度；

(2) 找平层：为了使防水卷材能铺贴在平整的基层上；

(3) 结合层：使卷材防水与找平层粘结牢固；

(4) 防水层：卷材防水屋面的主要构造层次，用防水卷材和胶粘材料交替粘结而形成；

(5) 保护层：保护防水层不致因日照和气候等的作用迅速老化，从而延长防水层的使用耐久年限。

15．简述卷材防水屋面泛水构造要点。

答：(1) 将屋面的卷材防水层采取满粘法继续铺至垂直面上，形成卷材泛水，并加铺一层卷材；

(2) 泛水应有一定的高度，迎水面不低于 250mm，背水面不低于 180mm；

(3) 屋面与垂直交接处应做成 45°，斜面或圆弧，圆弧半径应根据卷材种类不同选用，一般为 50～100mm；

(4) 做好泛水的收头固定。

16．形成屋面坡度的方法有哪些？各有什么优缺点？

答：(1) 搁置坡度：亦称撑坡或结构找坡。屋顶的结构层根据屋面排水坡度搁置层倾斜，再铺设防水层等。这种做法不需要另加找坡层，荷载轻、施工简便，造价低，但不作吊顶棚时，顶面稍有倾斜。

(2) 垫置坡度：亦称填坡或材料找坡。屋顶结构层可象楼板一样水平搁置，采用价廉、质轻的材料，如炉渣加水泥或石灰来垫置屋面排水坡度，上面再做防水层。垫置坡度不宜过大，避免徒增材料和荷载。须设保温层的地区，也可用保温材料来形成坡度。

17．有组织排水的檐口构造如何？

答：有组织排水的挑檐口常常将檐沟布置在出挑部位，现浇钢筋混凝土檐沟板可与圈梁连成整体，而预制檐沟板则需搁置在钢筋混凝土挑梁上。应注意：①檐沟应加铺 1～2 层附加卷材；②沟内转角部位找平层应作成圆弧形；③为了防止檐沟外壁的卷材下滑或脱落，应对卷材的收头处采取固定措施。

18. 保温材料有哪些？保温层常设于什么位置？

答：保温材料有散状的膨胀蛭石、膨胀珍珠岩等，块状的泡沫混凝土块、加气混凝土块、水泥膨胀珍珠岩块等。一般设在结构层以上，防水层以下。

19. 平屋顶油毡防水屋面为什么要设隔气层？如何设置？

答：在保温层下设置隔气层，其目的在于防止室内空气中过多的水蒸气随热气流外传，通过屋面板的缝隙或孔隙渗入保温层。保温材料一旦浸水而含湿量增大，保温效果便会大为降低。残存于保温层当中的多余水因受防水层的封盖不易蒸发掉，夏季太阳暴晒后极易产生水蒸气，伴随着的膨胀可能会造成卷材防水层的起鼓甚至开裂。基于上述两方面原因，宜在保温层下铺设隔气层。

20. 屋顶的隔热、降温构造有几种形式？

答：屋顶隔热降温的构造措施分为实体材料隔热屋面、通风间层隔热屋面（通风面层通常有两种设置方式：架空通风间层隔热屋顶、吊顶棚通风隔热屋顶）、反射降温屋顶和蒸发散热降温屋顶（在构造上通常见的几种形式为：淋水屋面、蓄水屋面）等几种类型。

21. 屋顶坡度的表示方法有哪些？

答：常见的屋顶坡度表示方法有斜率法、百分比法等。斜率法以屋顶倾斜面的垂直投影长度与其水平投影长度之比表示。百分比法以斜率法中比值的百分数来表示。

22. 坡屋顶的基本组成部分是什么？它们的作用如何？

答：坡屋顶由承重结构、屋面、顶棚、保温或隔热层等部分组成。

（1）承重结构主要是承受屋面荷载并把它传递到墙或柱子上。

（2）屋面是屋顶的上覆盖层，直接承受风雨、冰冻和太阳辐射等大自然气候的作用，它包括屋面盖料和基层如挂瓦条、屋面板等；

（3）顶棚是屋顶下面的遮盖部分，可使室内上部平整，有一定光线反射，起保温隔热和装饰作用；

（4）保温或隔热层：屋顶对气温变化的围护部分，可设在屋面层或顶棚层。

23. 坡屋顶的承重结构类型有哪几种？各自的适用范围是什么？

答：有山墙承重、屋架承重和梁架承重等结构类型。

（1）山墙承重用于开间相同且并列的房屋，如住宅、旅馆、宿舍等；

（2）屋架承重多用于较大空间要求的建筑，如教学楼、食堂等；

（3）梁架承重用于古建筑，现在已经很少采用。

24. 坡屋顶的屋面做法有哪几种？

答：有空铺平瓦屋面，实铺平瓦屋面（木望板瓦屋面），钢筋混凝土挂瓦板平瓦屋面，钢筋混凝土板瓦屋面等。

25. 平瓦屋面有几种做法？

答：根据基层的不同有三种做法：①冷摊瓦屋面、②木望板瓦屋面、③钢筋混凝土挂瓦板屋面。

26. 平瓦屋面的檐口、天沟、泛水、斜脊（斜沟）构造作法是什么？

答：檐口根据外墙与屋面的构造关系可分为纵墙檐口和横墙檐口，它们又都包括挑檐口或女儿墙檐口。瓦屋面，当出现等高跨或高低跨相交时，时常会形成天沟，而当两个转折屋面相交时则会形成斜沟。天沟和斜沟的构造做法应注意：①沟道需要足够的断面积，上口宽不宜小于300~500mm，以满足容水量需要。②天沟防水材料可用镀锌铁皮，防水卷材或定型钢筋混凝土天沟板。镀锌铁皮或防水卷材做防水时，必须固定牢靠，且伸入瓦材下面的搭接长度应大于150mm。③高低跨处的天沟务必做好泛水处理，谨防因防水材料收头脱落而造成渗漏。

27．顶棚由哪几部分组成的，主次龙骨和吊筋的布置有何要求？

答：一般由承重部分、基层、面层三部分组成。主龙骨一般垂直屋架或主梁布置，间距约为1.5m，材料可用圆木、方木或金属，断面尺寸由结构计算确定。吊筋多为钢筋，吊筋间距不超过1.5m，吊筋和主龙骨的连接，根据不同材料，采用钉、螺栓、勾挂、焊接等方法。

28．坡屋顶如何解决保温隔热的问题？

答：坡屋顶的保温层一般布置在瓦材的下面、或檩条之间、或吊顶棚上面。保温材料可根据工程具体要求选用松散材料、整体材料或板状材料。例如在一般的小青瓦屋面中，可在基层上铺一层厚黏土稻草泥作为保温层，并将瓦粘结在基层上。在平瓦屋面中，可将保温材料填塞在檩条之间。在有吊顶的坡屋顶中，常将保温层铺设在顶棚上面，可以收到保温隔热的双重功效。

五、绘图题（略）

第十章 门　　窗

一、填空题

1．预埋木砖或预留缺口

2．500～600mm

3．2000

4．塞口法、立口法

5．20～30mm、10～20mm

6．交通联系、通风、采光、采光、通风、眺望

7．木门窗、钢门窗、铝合金门窗、塑钢门窗

8．窗框、窗扇、五金部件、附件

9．600mm、两

10．安全疏散

11．塞口法

12．木压条、贴脸板、筒子板

二、单项选择题

1．B　　2．A　　3．C　　4．A　　5．C

6．C　　7．A　　8．A　　9．D

三、名词解释

1．立口：先立窗口，后砌墙体。

2．塞口：是先砌墙，预留窗洞口，后装门窗框。

3．羊角头：为使窗框与墙体连接牢固，应在窗口的上下槛各伸出120mm左右的端头，俗称"羊角头"。

四、简答题

1．简述门窗的作用和要求。

答：门的主要功能是供交通出入、分隔联系建筑空间，有时也兼起通风和采光作用。窗的主要功能是采光、通风、观察和递物。在不同使用条件要求下，门窗还应具有保温、隔热、隔声、防水、防火、防尘及防盗等功能。因此，对门窗总的要求应是：坚固、耐用、开启方便、关闭紧密、功能合理，便于维修等。

2．简述门窗的分类有哪些？

答：有木门窗、钢门窗、铝合金门窗、塑钢门窗、玻璃门窗等。

3. 简述木平开窗的组成？窗框和窗扇的组成？

答：由窗框、窗扇（玻璃扇、纱窗）、五金（铰链、风钩、插销）及附件（窗帘盒、窗台板、贴脸板）等组成。最简单的窗框是由边框及上下框所组成的。当窗尺寸较大时，应增加中横框或中竖框。窗扇是由上、下冒头和边挺榫接而成，有的还用窗芯（有叫窗棂）分格。

4. 确定窗的尺寸应考虑哪些因素？

答：窗的尺度一般根据采光通风要求、结构构造要求和建筑造型等因素决定，同时应符合模数制的要求。

5. 窗框在洞口中的位置怎么确定？窗框在墙上是如何固定的？

答：窗框在墙上的位置，一般是与墙内表面平，安装时框突出砖面20mm，以便墙面粉刷后与抹灰面平。框与抹灰交接处，应用贴脸搭盖，以阻止由于抹灰干缩形成缝隙后风透入室内，同时可增加美观。当窗框立于墙中时，应内设窗台板，外设窗台。窗框平外时，靠室内一面设窗台板，窗台板可用木板，亦可用预制水磨石板。

6. 窗上的玻璃为什么镶在窗的外面？

答：以利防水、抗风和美观。

7. 为什么要用双层玻璃窗？双层玻璃窗为什么可以保温？

答：采用双层玻璃窗可降低冬季的热损失。由于直射阳光使室内增加一定的热量，因此北方不是严寒地区，可在南向设单层窗，北向设双层窗。

8. 简述内、外开窗的优缺点？

答：内开窗的窗框裁口在内侧，窗扇向室内开启。擦窗安全、方便、窗扇受气候影响小。但开启时占据室内空间，影响家具布置和使用，防水性差，因此需在窗扇的下冒头上作披水，窗框的下框设排水孔等特殊处理。外开窗的窗扇向室外开启，窗框裁口在外侧，窗扇开启时不占空间，不影响室内活动，利于家具布置，防水性较好。但擦窗及维修不便，开启扇常受日光、雨雪侵蚀，容易腐烂，同时玻璃破碎有伤人危险。

9. 门窗框与墙面之间的缝隙如何处理？

答：为了抗风雨，外侧须用砂浆嵌缝，也可加钉压缝条或采用油膏嵌缝；寒冷地区，为了保温和防止灌风，窗框与墙之间的缝应用纤维或毡类如毛毡、矿棉、麻丝或泡沫塑料等填塞。

10. 简述木门的组成，门框和门扇的组成。

答：木门主要由门樘、门扇、腰头窗和五金零件等部分组成。

门框一般由两根梃和上槛组成。

门扇主要由上下冒头和两根边梃组成框子，有时中间还有一条或几条横冒头或一条竖向中梃。

11. 确定门的尺寸应考虑哪些因素？

答：门的尺寸须根据交通运输和安全疏散要求设计。一般供人日常生活活动进出的门，门扇高度常在1900～2100mm左右；宽度：单扇门为800～1000mm，辅助房间如浴厕、贮藏室的门为600～800mm，双扇门为1200～1800mm；腰头窗高度一般为300～600mm。公共建筑和工业建筑的门可按需要适当提高。

12. 常用门扇的类型有哪些？

答：镶板门、玻璃门、纱门和百叶门、夹板门。

13. 镶板门构造特点？

镶板门的门心板可用 10~15mm 厚木板拼装成整块，镶入边框。板缝要结合紧密，不可因日后木板干缩而露缝。一般为平缝胶结，如能做高低缝或企口缝结合则可免缝隙露明。

14. 夹板门构造特点？

答：夹板门是指中间为轻型骨架，双面贴薄板的门。它用料省，自重轻，外形简洁，便于工业化生产。一般广泛使用于房屋的内门。骨架一般用厚 32~35mm，宽 34~60mm 木料做框子，内为格形纵横肋条，肋的宽同框料，厚为 10~25mm，视肋距而定，肋距约在 200~400mm 之间，装锁处需另加附加木。面板一般为胶合板，硬质纤维板或塑料板，用胶结材料双面胶结。

15. 什么是弹簧门？为什么常用平开门？

答：弹簧门是开启后会自动关闭的门。平开门构造简单，开启灵活，制作安装和维修均较方便，为一般建筑中使用最广泛的门。

16. 简述钢门窗的特点。空腹钢门窗与实腹钢门窗的区别是什么？

答：钢门窗尤其是铝合金门窗和塑料门窗轻质高强、节约木材、耐腐蚀及密闭性能好、外观美、长期维修费用低。

空腹式钢门窗与实腹式窗料比较，具有更大的刚度，外形美观，重量轻，可节约钢材 40% 左右，但由于壁薄，耐腐蚀性差，不宜用于湿度大、腐蚀性强的环境。空腹钢门窗的形式及构造原理与实腹钢门窗一样，只是空腹窗料的刚度更大，因此窗扇尺寸可以适当加大。

17. 简述钢门窗的安装方法。

答：钢门窗樘与墙、梁、柱的连接一般采用铆、焊两种方式，通常在钢门窗樘四周每隔 500~700mm 装燕尾形铁脚，一边用螺钉与门窗框拧紧，一边用水泥砂浆埋固在预先凿好的墙洞内，在钢筋混凝土过梁上，应预留凹槽，用水泥砂浆埋固。或预埋钢板用 Z 形铁脚焊接。大面积钢门窗可用基本门窗单元进行组合。组合时需插入 T 形钢、管钢、角钢或槽钢等支承、联系构件，这些支承构件需与墙、柱、梁牢固连接，然后各门窗基本单元再和它们用螺栓拧紧，缝隙用油灰嵌实。

18. 什么是组合窗？如何组合？

答：大面积钢门窗可用基本门窗单元进行组合。组合时需插入 T 形钢、管钢、角钢或槽钢等支承、联系构件，这些支承构件需与墙、柱、梁牢固连接，然后各门窗基本单元再和它们用螺栓拧紧，缝隙用油灰嵌实。

19. 遮阳有什么作用？基本形式有哪些？各自的特点是什么？

答：遮阳是为防止直射阳光照入室内，以减少太阳辐射热，避免夏季室内过热，或产生眩光以及保护室内物品不受阳光照射而采取的一种建筑措施。

（1）水平遮阳：在窗口上方设置一定宽度的水平方向的遮阳板，能够遮挡高度角较大时从窗口上方照射下来的阳光，适用于南向及其附近朝向的窗口或北回归线以南低纬度地区之北向及其附近的窗口；

（2）垂直遮阳：在窗口两侧设置垂直方向的遮阳板，能够遮挡高度角较小的，从窗口的两侧斜射过来的阳光；

（3）混合遮阳：是以上两种遮阳板的综合，能够遮挡从窗口左右两侧及前上方射来的阳光，遮阳效果比较均匀；

（4）挡板遮阳：在窗口前方离开窗口一定距离设置与窗户平行方向的垂直挡板，可以有效的遮挡高度角较小的正射窗口的阳光。

20．门窗的构造设计应满足哪些要求？

答：（1）满足使用功能和坚固耐用的要求。

（2）符合《建筑模数协调统一标准》的要求，做到经济合理。

（3）使用上满足开启灵活，关闭紧密，便于擦洗和维修的要求。

21．木门窗框的安装方法有哪两种？各有何优缺点？

答：（1）立口法：是当墙砌到窗洞口高度时，先安装门窗框，再砌墙。

优点：窗框与墙体结合紧密牢固。

缺点：墙体施工与框的安装互相影响，窗框及其临时支承易被碰撞，有时还会产生移位破损。

（2）塞口法：是砌墙时先预留出窗洞口，然后再安装窗框。

优点：墙体施工与门窗安装分开进行，可避免相互干扰。

缺点：墙体与窗框之间的缝隙较大。

22．木门框的背面为什么要开槽口？

答：木门框的背面开槽口是为了减少靠墙的木门框受潮或干缩引起的变形。

23．木门由哪几部分组成？

答：由门框、门扇、亮子、五金零件及附件组成。

五、绘图题（略）

第十一章 变形缝及建筑抗震

一、简答题

1．什么叫变形缝？它有哪几种类型？

答：变形缝有三种：伸缩缝、沉降缝和防震缝。

2．什么情况下建筑要设伸缩缝？设置伸缩缝的要求是什么？缝宽如何？

答：建筑物因受温度变化的影响而产生热胀冷缩，在结构内部产生温度应力，当建筑物长度超过一定限度、建筑平面变化较多或结构类型变化较大时，建筑物会因热胀冷缩变形较大而产生裂缝。为预防这种情况发生，常常沿建筑物长度方向每隔一定距离或结构变化较大处预留缝隙，将建筑物断开。伸缩缝是将基础以上的建筑构件全部分开，并在两个部分之间留出适当的缝隙，以保证伸缩缝两侧的建筑构件能在水平方向自由伸缩，伸缩缝宽度一般在 20～40mm。

3．什么情况下建筑要设防震缝？设置防震缝的要求是什么？缝宽如何？

答：在以下情况下要设防震缝：①建筑立面高差在 6m 以上；

②建筑有错层且错层楼板高差较大；

③建筑物相邻各部分结构刚度、质量截然不同。

设置防震缝的要求是：一般情况下，防震缝可不将基础断开，但在平面复杂的建筑中或建筑相邻部分刚度差别很大时，也需将基础分开。

一般防震缝缝宽为 50～100mm。

4．简述墙体三种变形缝的异同。

答：(1) 设置目的

伸缩缝　防止建筑受温度变化而引起变形，产生裂缝。

沉降缝　防止建筑物由于各部位沉降不均匀而引起结构变形、破坏。

防震缝　防止建筑物不同部位的刚度差异在地震冲击波的作用下给建筑物带来破坏。

(2) 断开部位

伸缩缝　从基础顶面开始，将墙体、楼板层、屋顶等地面以上构件全部断开，基础可不断开。

沉降缝　从基础到屋顶都要断开。

防震缝　从基础顶面开始，将墙体、楼板层、屋顶等地面以上构件全部断开，基础可不断开，在地震设防区，当建筑物需要设置伸缩缝或沉降缝时，应统一按防震缝对待。

(3) 变形缝宽度

伸缩缝　一般为 20～40mm，应符合《砌体结构设计规范》有关规定。

沉降缝　与地基情况及建筑高度有关,一般为 30～70mm,在软弱地基上的建筑其缝应适当增加。

防震缝　在多层砖墙房屋中,按设计烈度不同取 50～70mm。

第二篇 工业建筑设计与构造

第十二章 工业建筑设计概述

一、填空题

1. 单层、双层、多层
2. 冷加工车间、热加工车间、恒温恒湿车间、洁净车间、有侵蚀性介质作用的车间
3. 主要生产厂房、辅助生产厂房、动力用厂房、储存用厂房、运输用厂房
4. 承重墙结构、骨架结构
5. 柱子、屋架、屋面大梁
6. 砖石结构、钢筋混凝土结构、钢结构
7. 横向排架、纵向连系构件、支撑系统
8. 基础、柱子、屋架
9. 基础梁、连系梁、吊车梁、大型屋面板
10. 支撑系统
11. 外墙、屋顶、地面、门窗、天窗
12. 单轨悬挂吊车、梁式吊车、桥式吊车

二、名词解释

1. 工业建筑：用于工业生产及直接为生产服务的各种房屋，如厂房、库房等。
2. 冷加工车间：车间的生产在正常温度、湿度下进行，如机械加工车间、装配车间等。
3. 热加工车间：车间在生产中往往散发出大量热量、烟尘等有害物的车间，如炼钢、轧钢、铸工、锻工车间等。
4. 恒温恒湿车间：车间的生产是在温度、湿度波动很小的范围内进行的，室内装有空调设备，并在厂房设计与构造上采取相应的措施，以减少室外气象对室内温度、湿度的影响，如精密仪表车间、纺织车间等。
5. 洁净车间：产品生产过程中对室内空气的洁净度要求很高的车间，即要求将空气中的含尘量控制在允许范围内，因此厂房应采取严密的维护结构等措施，如：集成电路车间，精密仪表的微零件加工车间等。

三、简答题

1. 简述工业建筑的特点。

答：厂房设计必须紧密结合生产工艺，满足工业生产的要求，并为工人创造良好的劳动卫生条件，以提高产品质量和劳动生产率；生产工艺不同的厂房具有不同的特征，厂房的结构，构造繁杂，技术要求高。

2. 简述工业建筑设计的任务及要求。

答：工业建筑设计的任务是根据我国的建筑方针和政策，正确贯彻"坚固、适用、经济合理、技术先进"的原则，在满足生产工艺要求的前提下，设计厂房的平面形状，柱网尺寸，剖面形式，建筑体型，确定合理的结构方案和围护结构的类型。选择合适的建筑材料，进行细部构造设计，并协调建筑、结构、水、暖、电、气、通风等各工种。

工业建筑的设计要求：

①满足生产工艺的要求；

②满足有关的建筑技术要求；

③满足建筑经济的要求；

④满足卫生防火要求。

3. 工业建筑的含义？

答：工业建筑是指用于从事工业生产的各种房屋。它与民用建筑一样，要体现适用、安全、经济、美观的方针；在设计原则、建筑用料和建筑技术等方面，两者也有许多共同之处。但由于生产工艺复杂多样，在设计配合、使用要求、室内采光、屋面排水及建筑构造等方面，工业建筑又具有如下特点：

（1）厂房的建筑设计是在工艺设计人员提出的工艺设计图的基础上进行的，建筑设计在适应生产工艺要求的前提下，应为工人创造良好的生产环境并使厂房满足适用、安全、经济和美观要求。

（2）由于厂房中的生产设备多，体量大，各部生产联系密切，并有多种起重运输设备通行，致使厂房内部具有较大的敞通空间。

（3）当厂房宽度较大时，特别是多跨度厂房，为满足室内采光、通风的需要，屋顶上往往设有天窗；为了屋面防水、排水的需要，还应设置屋面排水系统。

（4）在单层厂房中，由于跨度大，屋顶及吊车荷载较大，多采用钢筋混凝土排架结构承重；在多层厂房中，由于楼面荷载较大，广泛采用钢筋混凝土骨架承重。

4. 简述单层和多层厂房的特点。

答：在单层厂房中，由于跨度大，屋顶及吊车荷载较大，多采用钢筋混凝土排架结构承重。单层厂房占地面积大，围护结构面积多，各种工程技术管道较长，维护管理费用高。厂房扁长，立面处理单调。

在多层厂房中，由于楼面荷载较大，广泛采用钢筋混凝土骨架承重。多层厂房对于垂直方向组织生产及工艺流程的生产企业和设备及成品较轻的企业具有较大的适应性，多用于轻工、食品、电子、仪表等工业部门。因它占地面积少，更适用于在用地紧张的城市建厂及老厂改建，在城市中兴建多层厂房，还易于适应城市规划和建筑布局的要求。

5. 厂房内部吊车的常见形式有哪些？

答：①单轨悬挂式吊车；②梁式吊车；③桥式吊车

6．工艺平面图的内容有哪些？

答：工艺平面图的内容包括：根据产品的生产要求生产工艺流程的组织；生产和起重运输设备的选择和布置；工段的划分；运输通道的宽度及其布置；厂房面积的大小以及生产工艺对厂房建筑设计的要求等。

第十三章 单层工业厂房设计

一、填空题

1. 平面设计、剖面设计、立面设计
2. 总平面设计
3. 工艺设计、工艺布置
4. 直线式、直线往复式、垂直式
5. 柱子
6. 柱网、柱距、跨度、纵向、横向
7. 30M＝3000mm、9m、12m、15m、60m、18m、24m、30m、36m、6m、基本柱距
8. 毗连式、独立式、车间内部式
9. 做带形基础、做墩式基础
10. 如何选定室内地坪相对室外地面的高差、150
11. 侧窗采光、天窗采光、混合采光
12. 矩形天窗、锯齿形天窗、下沉式天窗、平天窗
13. 机械通风、自然通风
14. 空气热压、风压作用
15. 矩形通风天窗、下沉式通风天窗、井式通风天窗、横向下沉式
16. 有组织排水、无组织排水、有组织内排水、有组织外排水
17. 定位轴线
18. 横向定位轴线、(1、2、3……)、柱距、跨度
19. 重合、600mm
20. 750mm、1000mm
21. 单轨悬挂式吊车、梁式吊车、桥式吊车
22. 单肢、双肢
23. 独立式、条式、独立式
24. 矩形平面、正方形平面、L形平面、正方形平面
25. 6
26. 生产卫生用房、生活福利用房、行政办公用房、生产辅助用房
27. 毗连式生活间、独立式生活间、厂房内部式生活间
28. 主要地坪相对标高
29. 顶部采光、混合采光、单侧采光、双侧采光
30. 矩形天窗、锯齿形天窗、横向下沉式天窗、平天窗
31. 600、1000

32．热压、风压

33．井式通风天窗、纵向下沉式通风天窗、横向下沉式通风天窗

34．全开敞式厂房、下开敞式厂房、上开敞式厂房、单侧开敞式厂房

35．双柱双轴线、600

36．垂直划分、水平划分、混合划分

37．以虚为主、以实为主、虚实平衡

二、名词解释

1．生产工艺流程：指某一产品的加工制作过程，即由原材料按一定生产要求的程序，逐步通过生产设备及技术手段进行加工生产，并制成半成品或成品的全部过程。

2．柱网：承重结构柱子在平面上排列时所形成的网格称为柱网。

3．跨度：指屋架或屋面梁的跨度。

4．柱距：相邻两柱子之间的距离。

5．扩大柱网：为了使厂房具有相应的灵活性和通用性，宜采用扩大柱网，即扩大厂房的跨度和柱距，常用扩大柱网（跨度×柱距）为：12m×12m，15m×12m，18m×12m，24m×12m，18m×18m，24m×24m等。

6．方形柱网：柱网的跨度与柱距相等或大致相等，常用尺寸：12m×12m，18m×18m，24m×24m等。

7．厂房生活间：指为了满足工人在生产过程中的生产卫生及生活上的需要而在车间附近设置的专用房间。

8．厂房高度：指室内地坪（相对标高为±0.000）到屋顶承重结构下表面之间的垂直距离，一般情况下，它与柱顶距地面的高度基本相等，所以单层厂房的高度常以柱顶标高来衡量。

9．采光系数：室内某点的采光数 $C = E_n/E_w$

E_n——室内工作面上某点的照度（Lx）

E_w——同一时刻室外全云天地面上的天空扩散照射下的照度（Lx）。

10．侧窗采光：采光口布置在厂房的侧墙上的采光方式。

11．顶部采光：在屋顶处设置天窗的采光方式。

12．混合采光：同时采用侧窗及顶部采光的方式

13．矩形天窗：沿跨间纵向升起局部屋面，在高低屋面的垂直面上开设采光窗，是我国单层工业厂房应用最广泛的一种天窗形式。

14．锯齿形天窗：将厂房屋盖做成锯齿型，在两齿之间的垂直面上开设采光窗。是我国单层工业厂房应用最广泛的一种天窗形式。

15．横向下沉式天窗：将相邻柱距的屋面板上下交错布置在屋架的上下弦上，通过屋面板的高差开设采光窗，可根据使用要求每隔一个或几个柱距灵活布置。

16．平天窗：在屋面板上直接开设采光窗。

17．自然通风：利用空气的自然流动将室外的空气引入室内，将室内污浊和较高温度的空气排至窗外的通风方式。

18．热压作用：利用室内外冷热空气产生的压力差进行通风的方式。

19．风压作用：利用有风压作用而产生的空气压力差进行通风的方式。
20．通风天窗：以通风为主要功能的天窗。

三、简答题

1．工厂总平面中，生产工艺对平面设计的影响体现在哪几个方面？

答：生产工艺流程的影响，生产特征的影响，生产设备布置的影响，运输设备的影响。

2．单层厂房平面设计应满足哪些要求？

答：首先要满足生产工艺的要求，建筑设计人员在平面设计中应使厂房平面形式规整、合理、简单，以便减少占地面积，节能和简化构造处理；厂房的建筑参数应符合《厂房建筑模数协调标准》，使构件的生产满足工业化生产的要求；选择技术先进和经济合理的柱网使厂房具有较大的通用性；正确地解决厂房的采光和通风；合理地布置有害工段及生活用室；妥善处理安全疏散及防火措施等。

3．什么叫柱网？扩大柱网有何优越性？

答：柱网是承重结构柱子在平面上排列时所形成的网格。扩大柱网的主要优越性为：

（1）可以提高厂房面积的利用率。

（2）有利于大型设备的布置和重型产品的运输。

（3）能提高厂房的通用性，适应生产工艺变更及生产设备更新的要求。采用较大的柱网，是厂房通用性的标志之一。

（4）能减少构件数量，加快建设速度。

（5）有利于减少柱基础石方工程量。

4．生活间的组成及其设计要求是什么？

（1）生活间的组成根据车间的生产性质、卫生要求、车间规模及所在地区条件不同等因素，生活间的组成大致如下：

1）生产卫生用室　包括存衣室、淋浴室、盥洗室等。根据某些生产特殊需要尚可包括洗衣房、衣服干燥室等；

2）生活卫生用室　包括休息室、厕所等。特殊需要可设置取暖室、冷饮制作间、饮水室、倒班休息室等。

（2）生活间设计应注意的事项：

1）生活间的设计应本着"有利生产、方便生活"的原则。根据有关标准、规定，结合各车间的具体情况，因地制宜，区别对待，既要保证一定的卫生要求，又要反对铺张浪费。

2）生活间应有适宜的朝向，注意总图布置，使之能获得较好的采光、通风及日照等条件。

3）生活间应尽量布置在车间主要人流出入口处，且与生产操作地点有方便的联系，并避免工人上、下班时的人流与厂内主要运输交叉，人数较多集中设置的生活间以布置在厂内主要干道两侧且靠近车间为宜。

4）生活间不宜布置在有散发粉尘、毒气及其他有害气体车间的下风侧或顶部，并尽可能避免噪声及振动的影响，以免被污染和干扰。

5）在生产条件许可及使用方便的前提下，力求利用车间内部的空闲位置设置生活间，或将几个车间合并建造，以节省用地和投资。

6）生活间的平面布置应注意面积紧凑，人流通畅，男女分设，管道集中且与所服务车间有方便的联系。

5．生活间各种布置方式的特点是什么？

答：（1）毗连式生活间是与厂房纵墙或山墙毗连而建，它用地较少，与车间联系紧密，使用方便，并可与车间共用一段墙，既经济又有利于室内保温，车间的某些辅助部分也可设在生活间底层。

（2）独立式生活间是距厂房一定距离而建的。独立式生活间不受厂房影响和干扰，生活间布置灵活，卫生条件较好。

（3）车间内部式生活间在生产卫生状况允许时，充分利用车间内部空闲位置灵活布置生活间，使用方便，经济合理，很受欢迎。

6．厂房剖面设计应满足什么要求？

在满足生产工艺要求的前提下，经济合理地确定厂房高度及有效利用和节约空间；妥善地解决厂房的天然采光、自然通风和屋面排水；合理地选择围护结构形式及其构造，使厂房具有随气候条件变化良好的围护功能。

7．什么叫天然采光？什么是采光设计？什么是采光系数？天然采光等级分几级？

答：白昼间，室内通过窗口取得光线称之为天然采光。

采光设计就是根据室内生产对采光的要求确定窗子大小、形式及其布置，保证室内采光的强度、均匀度及避免眩光。

室内工作面上某一点的照度与同时刻室外露天地平面上照度的百分比表示，这个比值称之为采光系数。天然采光分五级。

8．什么叫采光均匀度？

答：采光均匀度是指工作面上的采光系数最低值和平均值之比。

9．简述采光面积是如何确定的？

答：采光面积一般是根据厂房的采光、通风、立面设计等综合因素来确定的，采光计算的方法很多，《工业企业采光设计标准》中介绍的图表计算法是我国目前常用的简便方法，由于一般厂房对采光要求不很精确。可采用窗地面积比来估算或验算采光面积。

10．天然采光有哪些采光方式？

答：侧面采光、混合采光、上部采光。

11．厂房天然采光有哪些基本要求？

答：满足采光系数最低值的要求。满足采光均匀度的要求，避免在工作区产生眩光。

12．影响立面设计的主要因素有哪些？

答：使用功能、结构形式、气候环境。

13．影响内部空间处理的因素有哪些？

答：使用功能的影响，设备管道的影响，空间利用的影响，室内小品及绿化的影响及建筑色彩的影响。

14．简述红色、橙色、黄色、绿色、蓝色、白色在工业建筑上的应用范围。

答：红色：用以表示电器、火灾的危险标志；禁止通行的通道和门；防火消防设备，高压电的室内电裸线，电器开关起动机件、防火墙上的分隔门。

橙色：用以表示危险标志，用于高速转动的设备，机械、车辆、电器开关柜门；也用于有毒物品及放射性物品的标志。

黄色：用以表示警告的标志，用于车间吊车、吊钩、户外大型起重运输设备，翻斗车、推土机、挖掘机、电瓶车，使用中常涂刷黄色与白色、黄色与黑色相间的条纹，以提示人们避免碰撞。

绿色：安全标志，常用于洁净车间的安全出入口的指示灯。

蓝色：多用于上下水道、冷藏库的门，也可用于压缩空气的管道。

白色：界线标志，用于地面分界线。

15．冷加工车间，自然通风设计的技术途径有哪些?

答：合理布置进出风口的位置，选择通风有效的进排风口形式及构造，合理组织气流路径，组织好穿堂风，使其较远地吹至操作区，增加工人舒适感。限制厂房宽度并使其长轴垂直夏季主导风向；在侧墙上设窗，在纵横贯通的通道端部设大门；室内少设和不设隔墙等措施对组织穿堂风都是有利的。

16．单层厂房墙面划分有哪些?

答：单层厂房墙面划分有垂直划分、水平划分和混合划分等。

17．单层厂房采用扩大柱网有什么优越性?

答：(1) 可以提高厂房面积的利用率。

(2) 有利于大型设备的布置和重型产品的运输。

(3) 能提高厂房的通用性，适应生产工艺变更及生产设备更新的要求。采用较大的柱网，是厂房通用性的标志之一。

(4) 能减少构件数量，加快建设速度。

(5) 有利于减少柱基础石方工程量。

18．工厂总平面设计应满足哪些要求?

答：(1) 根据全厂的生产工艺流程、交通运输、卫生、防火、气象、地形、地质以及建筑群体艺术等条件，确定这些建筑物与构筑物之间的位置关系。

(2) 合理地组织人流、货流，避免交叉和迂回。

(3) 地下的各种工程管线；进行厂区竖向布置及美化、绿化厂区等。

19．如何确定跨度尺寸?

答：跨度尺寸主要根据以下因素确定：

(1) 生产工艺中生产设备的大小及布置方式；

(2) 生产流程中运输通道，生产操作及检修所需空间。

(3) 根据 (1)(2) 项所得尺寸，调整为符合《厂房建筑模数协调标准》的要求，当屋架跨度<18m 时，采用扩大模数 30M 的数列，即跨度尺寸采用 6m、9m、12m、15m、18m，当屋架跨度≥18m 时，采用扩大模数 60M 的数列，即跨度尺寸采用 24m、30m、36m、42m 等。当工艺布置有明显优越性时，跨度尺寸亦可 21m、27m、33m。

20．生活间的组成的确定因素有哪些?

答：生产性质、职工人数、男女职工比例、地区气候条件等。

21．山地地形厂房应如何布置?

答：应依山就势，因地制宜，具体做法有两种：

（1）车间跨度平行于等高线布置，即将车间各跨分别布置在不同标高的台阶上，工艺流程可由高标高跨流向地表高跨，物料运输可利用其自重，这样可以大量减少运输费和动力消耗；

（2）车间跨度垂直于等高线布置，即将同一跨分段布置在不同标高的台阶上，也可将局部做成两层。

  四、绘图题（略）

第十四章 单层厂房构造

一、填空题

1．承重墙、非承重墙
2．普通黏土实心砖、黏土空心砖、灰砂砖
3．轻质高强的夹心板材
4．保温墙板、非保温墙板、基本板、异型板、辅助板、6000、12000、900、1200、1500、1800、20
5．横向布置、竖向布置、混合布置
6．柔性连接、刚性连接
7．螺栓挂钩连接、压条连接、角钢挂钩连接
8．焊接连接
9．最大规格、外形尺寸、600~1000mm、400~600mm
10．平开、推拉、折叠、升降、上翻、卷帘门
11．有檩体系、无檩体系
12．无组织排水、有组织排水
13．卷材防水、波形瓦材防水、钢筋混凝土构件自防水
14．檐口、檐沟、天沟
15．天窗架、天窗扇、天窗屋面板、天窗侧板、天窗端壁板
16．1/2~1/3、3m、6m、9m、12m
17．排数
18．井底板、挡雨板、天窗扇、横向布置、纵向布置
19．下卧式、槽形、L形
20．专用体系、通用体系
21．框架结构、框架—剪力墙结构、剪力墙结构
22．大墙板、大楼板、大型屋面板、振动砖墙板、混凝土墙板、工业废渣墙板、单一材料墙板
23．板材间的连接、外墙板连接缝防水处理
24．干法连接、湿法连接
25．材料防水、构造防水
26．围护、分隔
27．钢框架、钢筋混凝土框架、20
28．全现浇、全装配、装配整体式
29．板柱框架、梁板柱框架、剪力墙框架

二、名词解释

1．柔性连接：用墙板和柱上的预埋件和连接件将墙板和柱二者拉结在一起的连接方法。通常有螺栓连接、角钢连接、压条连接等。

2．刚性连接：用短型钢或短粗钢筋与墙板内、柱内的预埋铁件将墙板和柱子焊接固定在一起的连接方式。

三、简答题

1．基础梁的设置方式有哪几种？

答：当基础埋深不大时，基础梁搁置在杯形基础的顶面或放在基础杯口上的垫块上，当基础埋置较深时，基础梁可搁置于高杯形基础的顶面或柱的牛腿上。

2．造成卷材屋面开裂的原因主要有哪些？

答：(1) 温度变形　由于室内外温差较大，引起屋面板上下两面的热胀冷缩量不同，产生板端起翘，进而影响屋面卷材。

(2) 挠曲变形　屋面板在长期荷载作用下，产生挠曲下垂，引起板端处角变形进而影响屋面卷材。

(3) 结构变形　由于地基的不均匀沉降，厂房吊车的运行及刹车，使屋面产生错动与晃动，促使裂缝的产生与扩大。

3．屋盖支撑系统又分为哪几种？

答：分为上弦横向水平支承，下弦横向水平支承，纵向水平支承，纵向水平系杆，屋架垂直支撑。

4．屋面防水常用的防水方式有哪几种？各有何优缺点？其应用范围是什么？

答：有卷材防水屋面、构件自防水屋面、刚性防水屋面和瓦屋面防水等。

(1) 卷材防水屋面　以油毡、沥青为防水材料的屋面称为卷材防水屋面（也可称为柔性防水屋面）。卷材防水屋面的坡度最小值1∶100。

缺点：如易老化、起泡、拉裂、淌流、施工困难、耐久性差等。

应用：油毡具有一定的弹性和韧性，适用于气温变化较大的北方地区和有振动、有保温隔热要求的厂房屋面。

(2) 刚性防水屋面

缺点：容易开裂、钢材、水泥用量大。

应用：较少采用。

(3) 构件自防水屋面

优点：工序简单、省材料、造价低。

缺点：易风化开裂，油膏和涂料也易老化开裂，防寒保温性能差。

5．工业建筑地面由哪些构造层次组成？

答：工业建筑地面与民用建筑地面构造基本相同。一般由面层、垫层和地基组成。为了满足一些特殊要求还要增设结合层、找平层、防水层、保温层、隔声层等功能层次。

6．简述多层厂房的特点。

答：(1) 占地面积小，节约用地；(2) 外维护结构小；

(3) 交通运输面积大；(4) 柱网尺寸小，厂房的通用性小；

(5) 结构构造复杂；(6) 立面丰富。

7. 多层厂房的适用范围有哪些？

答：(1) 生产工艺流程适于垂直运输的厂房；

(2) 设备、原料和成品较轻的厂房；

(3) 生产上要求在不同高度上操作的厂房；

(4) 生产工艺对生产环境有特殊要求的厂房，如仪表、电子、医药及食品类的厂房；

(5) 仓储型厂房及设施。

8. 多层厂房的平面布置形式有哪几种？各有何特点？

答：(1) 内廊式：中间为走廊，两侧布置生产房间和办公、服务房间。

特点：厂房的宽度较小，天然采光条件好，室内空间整洁美观，适宜于面积要求不大，生产上既需要相互联系又不希望干扰的独立的工段。

(2) 统间式：中间只有承重柱，不设隔墙。

特点：工艺布置灵活，适用于有连续生产的流程线，生产工艺要求面积大，各工序相互间又需紧密联系，不宜分隔成小间布置的工段。

(3) 大宽度式：这种布置加强了厂房建筑的刚度，对抗震有利。它适用于恒温、恒湿、洁净要求较高的厂房。

(4) 混合式：能满足不同生产工艺流程的需要，灵活多变。

缺点：在同一厂房结构类型难以统一，易造成平面及剖面形式的复杂化，施工较麻烦，且对防震也不利。

9. 厂房层数的确定因考虑哪些因素？

答：(1) 生产工艺的影响；(2) 城市规划的影响；

(3) 经济因素的影响；(4) 其他技术条件的影响。

10. 影响多层厂房层高的因素有哪些？

答：生产工艺、运输设备、采光、通风、管道、室内空间比例、建筑造价等。

11. 上悬式天窗扇和中悬式天窗扇各有何特点？其开启角度是多少度？

答：上悬钢天窗扇防飘雨较好，但最大开启角只有45°，上悬钢天窗扇主要由开启扇和固定扇基本单元组成，可以布置成通长窗扇和分段扇。上悬钢天窗扇是由上下冒头、垂直楞及边梃组成。中悬钢天窗因受天窗架的阻挡和受转轴位置的限制，只能分段设置，于每个柱距内设一个窗扇，开启角60°~80°，通风性能好，但防水较差。窗扇构造的上下冒头及边梃均为角钢。

12. 平天窗的类型和特点如何？避免眩光的措施有哪些？防止玻璃坠落伤人的安全措施有哪些？

答：类型主要有采光板、采光罩、采光带三种。采光板只作采光用，可开启的采光板以采光为主，兼有少量通风作用。采光罩有固定和可开启两种，它们刚度较平板好，但造价较高。避免眩光的措施有选用扩散性能较好的透光材料，或在平板玻璃下表面涂刷半透明涂料。或在玻璃下面加浅色遮阳格片。为防止伤人，可采用夹丝玻璃、玻璃钢罩。

13. 解决平天窗通风有哪几种方法？

答：(1) 采光和通风结合处理，采用可开启的采光板、采光罩或带开启扇的采光板。

(2) 采光和通风分开处理，平天窗只考虑采光，另外利用通风屋脊来解决通风。为了保证通风屋脊排气稳定，还可加设挡风板。

第三部分

模 拟 题

模 拟 题 一

房屋建筑学试题

一、单项选择题（每小题2分，共20分）

1. 建筑物的耐久等级为二级时其耐久年限为（　　）年，适用于一般性建筑。
   A. 50～100　　　　　　　　　B. 80～150
   C. 25～50　　　　　　　　　　D. 15～25

2. 有关预制楼板结构布置，下列何者不正确（　　）。
   A. 楼板与楼板之间应留出不小于20mm的缝隙
   B. 当缝差在60～120mm时，可沿墙边挑两皮砖解决
   C. 当缝差超过120mm且在200mm以内，则用局部现浇板带的办法解决
   D. 当缝差超过200mm，则需重新选择板的规格

3. 民用建筑中，窗子面积的大小主要取决于（　　）的要求。
   A. 室内采光　　　　　　　　　B. 室内通风
   C. 建筑层高　　　　　　　　　D. 构造

4. 当地下水位很高，基础不能埋在地下水位以上时，应将基础底面埋置在（　　）下，从而减少和避免地下水的浮力和影响等。
   A. 最高水位200mm　　　　　　B. 最低水位200mm
   C. 最高水位500mm　　　　　　D. 最高和最低水位之间

5. 预制钢筋混凝土梁搁置在墙上时，常需在梁与砌体间设置混凝土或钢筋混凝土垫块，其目的是（　　）。
   A. 简化施工　　　　　　　　　B. 扩大传力面积
   C. 增大室内净高　　　　　　　D. 减少梁内配筋

6. 大厅式组合一般适用于（　　）建筑类型。
   A. 剧院、电影院、体育馆　　　B. 火车站、浴室、百货商店
   C. 医院、中小学、办公楼

7. 与独立式生活间相比，毗连式生活间具有与车间联系方便及（　　）等优点。
   A. 采光通风好　　　　　　　　B. 节省外墙
   C. 有利于厂房扩建　　　　　　D. 利于保温

8. 建筑立面的重点处理常采用（　　）手法。
   A. 对比　　　　　　　　　　　B. 均衡
   C. 统一　　　　　　　　　　　D. 韵律

9. 有关楼梯的净空高度设计，下列叙述何者不正确(　　)。
    A. 楼梯平台上部及下部过道处的净高不应小于1.90m
    B. 楼梯平台上部及下部过道处的净高不应小于2.00m
    C. 梯段净高不应小于2.20m
    D. 贮藏室、局部夹层、走道及房间的最低处的净高不应小于2.0m

10. 我国传统的建筑独特的建筑体系特征是(　　)。
    A. 砖石结构体系　　　　　　　B. 木结构体系
    C. 夯土墙和木构架为主体　　　D. 砖、石墙和拱架结构

11. 建筑物之间的距离主要依据(　　)的要求确定。
    A. 防火安全　　　　　　　　　B. 地区降雨量
    C. 地区日照条件　　　　　　　D. 水文地质条件

12. 有关台阶方面的描述何者是不正确的(　　)。
    A. 室内外台阶踏步宽度不宜小于300mm
    B. 踏步高度不宜大于150mm
    C. 室外台阶踏步数不应少于3级
    D. 室内台阶踏步数不应少于2级

13. 楼板上采用十字形梁或花篮梁是为了(　　)。
    A. 顶棚美观　　　　　　　　　B. 施工方便
    C. 减少楼板所占空间　　　　　D. 减轻梁的自重

14. 空斗墙一般适用于(　　)等场合。
    A. 建筑物常受振动荷载　　　　B. 地基土质较坚硬
    C. 门窗洞口尺寸较小　　　　　D. 建筑层数较多

15. (　　)施工方便，但易结露、易起尘、导热系数大。
    A. 现浇水磨石地面　　　　　　B. 水泥地面
    C. 木地面　　　　　　　　　　D. 预制水磨石地面

16. 初步设计应包括：设计说明、设计图纸、(　　)等四部分内容。
    A. 主要设备和材料表　　　　　B. 工程概算书
    C. 计算书　　　　　　　　　　D. 工程预算书

17. 下面属于柔性基础的是(　　)。
    A. 钢筋混凝土基础　　　　　　B. 毛石基础
    C. 素混凝土基础　　　　　　　D. 砖基础

18. 为增强建筑物的整体刚度可采取(　　)等措施。
    A. 构造柱　　　　　　　　　　B. 变形缝
    C. 预制楼板　　　　　　　　　D. 圈梁

19. 屋顶是建筑物最上面起维护和承重作用的构件，屋顶构造设计的核心是(　　)。
    A. 承重　　　　　　　　　　　B. 保温隔热
    C. 防水和排水　　　　　　　　D. 隔声和防火

20. 民用建筑按主要承重结构的材料可分为砖木结构、钢筋混凝土结构、钢结构和(　　)。

A. 墙承重结构 B. 空间结构
C. 混合结构 D. 盒子结构

二、填空题（每小题1分，共30分）

1. 《建筑模数协调统一标准》中规定，基本模数以＿＿＿＿＿＿表示，数值为＿＿＿＿＿＿。

2. 建筑物的结构按其选用材料不同，常可分为木结构，＿＿＿＿＿＿结构，＿＿＿＿＿＿结构和钢结构四种类型。

3. 平面组合形式主要有：＿＿＿。

4. 当墙身两侧室内地面标高有高差时，为避免墙身受潮，常在室内地面处设＿＿＿＿＿＿并在靠土的垂直墙面设＿＿＿＿＿＿。

5. 考虑防火疏散要求，门厅对外出入口的宽度不得小于通向门厅的＿＿＿＿＿＿。

6. 现浇梁板式楼板布置中，主梁应沿房间的＿＿＿＿＿＿方向布置，次梁垂直于＿＿＿＿＿＿方向布置。

7. 门按开启方式分类有＿＿＿＿＿＿、＿＿＿＿＿＿、＿＿＿＿＿＿和＿＿＿＿＿＿、＿＿＿＿＿＿。

8. 单层厂房柱网指的是＿＿＿。

9. 在不增加梯段长度的情况下，为了增加踏步面的宽度，常用的方法是＿＿＿＿＿＿＿＿＿＿＿＿＿＿。

10. 根据屋面板下沉的部位不同，下沉式天窗有：＿＿＿＿＿＿、＿＿＿＿＿＿和＿＿＿＿＿＿三种。

11. 厂房钢天窗扇的开启方式常见的有＿＿＿＿＿＿式和＿＿＿＿＿＿式。

12. 栏杆与梯段的连接方法主要有＿＿＿＿＿＿、＿＿＿＿＿＿和＿＿＿＿＿＿等。

13. 钢筋混凝土圈梁的宽度宜与＿＿＿＿＿＿相同，高度不小于＿＿＿＿＿＿。

14. 伸缩缝的缝宽一般为＿＿＿＿＿＿；沉降缝的缝宽为＿＿＿＿＿＿；防震缝的缝宽一般取＿＿＿＿＿＿。

15. 贴面类墙面装饰的优点是＿＿＿＿＿＿、＿＿＿＿＿＿和＿＿＿＿＿＿等。

16. 在预制踏步梁承式楼梯中，三角形踏步一般搁置在＿＿＿＿＿＿形梯梁上，L形和一字形踏步应搁置在＿＿＿＿＿＿形梯梁上。

17. 楼梯一般由＿＿＿＿＿＿、＿＿＿＿＿＿、＿＿＿＿＿＿三部分组成。为了减轻疲劳，连续踏步步数一般不宜超过＿＿＿＿＿＿级，但也不宜少于＿＿＿＿＿＿级。

18. 在地震区，为增强外墙的刚度和抗剪能力，应限制女儿墙的高度，一般不超过

_____。

19．预制钢筋混凝土楼板的搁置应避免出现_____支承情况，即板的纵长边不得伸入砖墙内。

20．混合结构墙体在布置上有_____、_____、_____和_____等结构方案。

21．走道的宽度主要根据_____、_____、_____、_____等因素综合考虑。

22．厂房外墙按受力的情况可分为_____和_____；按所用材料和构造方式可分为_____和_____。

23．平屋顶排水坡度的形式方法有_____和_____两种。

24．基础的埋置深度除与_____、_____、_____等因素有关外，还需考虑周围环境与具体工程特点。

25．建筑物体量交接的三种形式是_____、_____和_____。

26．为了遮挡视线，在厕所的前部宜设置深度不小于1.5~2.0m的_____。

27．卷材防水屋面上人的常用_____作保护层，不上人的屋面用_____、_____作保护层。

28．无障碍设计主要针对_____和_____。轮椅的回转半径是_____。

29．墙体中的水平防潮层应设置在地层的_____范围内，距室外地面至少_____mm的勒脚墙体中。

30．平面按照使用性质分类，可分为_____、_____两类。

三、名词解释（每题3分，共15分）

1．散水

2．泛水

3．燃烧性能

4．柱网、跨度和柱距

5．地震烈度

四、简答题（共 25 分）

1. 砖墙墙角处为何需要设置防潮层？防潮层的作法有哪些？

2. 混合结构纵、横墙承重的结构各有何利弊？

3. 屋顶的坡度是如何确定的？

4. 建筑设计中平面组合有哪几种形式？各举一例说明。

5. 单层工业厂房由哪些构件组成？起什么作用？

五、作图题（共 10 分）

平屋顶正置式保温的构造层次及做法（用构造图表示）。

模 拟 题 二

房屋建筑学试题

一、填空题（每题1分，共10分）

1. 现行《建筑防火规范》把建筑物的耐火等级划分为_____级，一级的耐火性能最_____。

2. 木窗代号是_____，钢窗代号是_____，门的代号是 M。

3. 建筑立面的虚实对比，通常是指由于_____凹凸的_____效果所形成的比较强烈的明暗对比关系。

4. 单层厂房柱顶标高应符合_____M 的模数。

5. 房间的净高是指_____到_____垂直距离。

6. 走道的长度可根据组合房间的实际需要来确定，但同时要满足_____的有关规定。

7. 建筑物的结构按其选用材料不同，常可分为木结构、_____结构、_____结构和钢结构四种类型。

8. 公共建筑的走道净宽一般不应小于两股人流通行时所需的宽度，因此不应小于_____mm。

9. 现浇钢筋混凝土楼板根据受力和传力情况不同，有_____楼板，_____楼板，_____楼板和压型钢板、混凝土组合楼板。

10. 构造柱一般在墙的某些_____设置，沿整个建筑高度贯通，并与_____现浇成一体。

二、选择题（每题1分，共15分）

1. 下列哪项不是框架结构的特点（　　）。
   A. 整体性好　　　　　　B. 抗震能力较好
   C. 开窗自由　　　　　　D. 施工简单

2. 组合楼板的经济跨度是（　　）。
   A. 1.5~2m　　　　　　B. 2.0~2.5m
   C. 2.0~3m　　　　　　D. 3.0~4m

3. 小学校的楼梯栏杆应采用不易攀登的构造，垂直杆件间的净距不应大于（　　）mm。
   A. 100　　　　　　　　B. 110

C. 150 D. 300

4. 关于刚性屋面不正确的说法是( )。
   A. 特别适用于北方干旱地区 B. 不宜用于有保温层屋面
   C. 耐久性好 D. 排水坡度一般为3%～5%

5. 通常,采光效率最高的是( )天窗。
   A. 矩形 B. 锯齿形
   C. 下沉式 D. 平天窗

6. 建筑立面的虚实对比,通常是由( )来体现。
   A. 门窗的排列组合 B. 建筑色彩的深浅变化
   C. 形体凹凸的光影变化 D. 装饰材料的粗糙与细腻

7. 平面利用系数=(使用面积/建筑面积)×100%,其中使用面积是指除结构面积之外的( )。
   A. 所有使用房间净面积之和
   B. 所有使用房间与辅助房间净面积之和
   C. 所有房间面积与交通面积之和
   D. 所有辅助房间面积与交通面积之和

8. 地震烈度8度、9度区不需设抗震缝的是( )。
   A. 立面高差大于6m B. 建筑相邻部分质量和刚度相差较大
   C. 建筑物有错层 D. 新旧建筑交接处

9. 对于大多数建筑物来说,( )经常起着主导设计的作用。
   A. 建筑功能 B. 建筑技术
   C. 建筑形象 D. 经济

10. 门的设计中,哪条不确切( )。
    A. 体育馆内运动员出入的门扇净高不得低于2.20m
    B. 幼托建筑儿童用门,不宜选用弹簧门
    C. 用于疏散楼梯间的防火门,应采用单向弹簧门,并应向疏散方向开启
    D. 当设置旋转门、电动门或尺度较大的门,在其附近可不设普通门

11. 为了减少木窗框料靠墙一面因受潮而变形,常在木框背后开( )。
    A. 回风槽 B. 积水槽
    C. 裁口 D. 背槽

12. 屋顶是建筑物最上面起维护和承重作用的构件,屋顶构造设计的核心是( )。
    A. 承重 B. 保温隔热
    C. 防水和排水 D. 隔声和防火

13. 走道宽度可根据人流股数并结合门的开启方向综合考虑,一般最小净宽取( )。
    A. 550mm B. 900mm
    C. 1100mm D. 1200mm

14. 隔墙在装配式楼板上放置时,正确的是( )。
    A. 较重材料可以直接放置在楼板上 B. 轻质材料可以直接放置在楼板上

C. 较重材料可集中放置在一块板上　　D. 轻质材料不可以直接放置在楼板上

15. 为提高屋面防水层的抗裂和抗渗性能，可以采取以下措施中的（　　）。
　　A. 在细石混凝土中掺入少量外加剂　　B. 在细石混凝土中掺入适量外加剂
　　C. 在找平层中加入适量外加剂　　　　D. 在找平层中加入双向钢筋网片

四、多项选择题（20分）

1. 中型以上的热加工厂房，如轧钢、铸工、锻造等，应采用（　　）平面布置形式。
　　A. 矩形　　　　　　　　　　B. 正方形
　　C. L形　　　　　　　　　　 D. 山形
　　E. W形

2. 阳台按与建筑物外墙关系，可分为（　　）。
　　A. 挑阳台　　　　　　　　　B. 凹阳台
　　C. 半挑半凹阳台　　　　　　D. 转角阳台
　　E. 封闭

3. 提高外墙保温能力的措施是（　　）。
　　A. 增加外墙厚度　　　　　　B. 增加外墙高度
　　C. 采用组合墙　　　　　　　D. 选孔隙率高的材料
　　E. 采用全顺砌法

4. 实砌砖墙的组砌方法有（　　）。
　　A. 全顺式　　　　　　　　　B. 一眠一斗
　　C. 一顺一丁　　　　　　　　D. 梅花丁
　　E. 无眠空斗

5. 下列属于柔性连接的是（　　）。
　　A. 钢筋焊接　　　　　　　　B. 压条连接
　　C. 螺栓挂钩连接　　　　　　D. 角钢焊接
　　E. 角钢挂钩连接

五、简答题（每小题5分，共15分）

1. 建筑设计中平面组合有哪几种形式？各举一例说明。

2. 为什么要设变形缝？有哪些种类？

3. 现浇式钢筋混凝土楼梯有何特点？按梯段结构形式不同可分为哪几种？

六、设计绘图题（40分）

1. 某教学楼的办公部分为三层，层高为3m，开间3.6m，进深5.1m，试绘出该楼梯间的剖面轮廓图（单线条即可），标注踏步数目、踏步的高和宽、平台的宽度、标高。

2. 宾馆标准房间的设计
(1) 设计条件
1) 某一旅游宾馆的标准单间双人客房；
2) 客房附标准卫生间（内设洗脸台、坐式大便器、浴缸等卫生洁具），衣帽壁柜；
3) 客房形状自行设计，使用面积控制在24m²左右。
(2) 设计要求：
1) 根据客房使用要求，确定房间形状及尺寸；

2）绘制客房平面图，标明墙体、门、窗的平面轮廓；
3）绘制标准间的家具及设备的布置；
4）标注轴线、图名、尺寸和比例。

模拟题三

房屋建筑学试题

一、单项选择题（每小题2分，共10分）

1. 我国建筑统一模数中规定的基本模数的数值为（　　）。
　　A. 10mm　　　　　　　　B. 100mm
　　C. 300mm　　　　　　　D. 600mm
2. 商店、仓库及书库等荷载较大的建筑，一般宜布置成（　　）楼板。
　　A. 板式　　　　　　　　B. 梁板式
　　C. 井式　　　　　　　　D. 无梁
3. 为增强建筑物的整体刚度可采取（　　）等措施。
　　A. 构造柱　　　　　　　B. 变形缝
　　C. 预制板　　　　　　　D. 圈梁
4. 水磨石一般可用于（　　）部位的装修。
　　A. 楼地面　　　　　　　B. 贴面顶棚
　　C. 墙裙　　　　　　　　D. 勒脚
5. 大型空心楼板的最小厚度为（　　）。
　　A. 50～80mm　　　　　　B. 90～150mm
　　C. 100～180mm　　　　　D. 110～250mm

二、填空题（每小题1分，共30分）

1. 楼梯踏步高度成人以_____左右较适宜，不应高于_____；踏步宽度以_____左右为宜，不应窄于_____；踏步出挑一般为_____。
2. 建筑物的结构按其选用材料不同，常可分为木结构，_____结构，_____结构和钢结构四种类型。
3. 下沉式天窗一般有_____、_____和井式天窗等三种。
4. 为满足采光要求，一般单侧采光的房间深度不大于窗上口至地面距离的_____倍，双侧采光的房间深度不大于窗上口至地面高度的_____倍。
5. 门的主要作用是_____，兼采光和通风。窗的主要作用是采光、通风和_____。
6. 预制钢筋混凝土楼板的支承方式有_____和_____两种。

7. 现浇梁板式楼板布置中，主梁应沿房间的_____方向布置，次梁垂直于_____方向布置。

8. 伸缩缝的缝宽一般为_____；沉降缝的缝宽为_____；防震缝的缝宽一般取_____。

9. 在砖混结构中设置构造柱和_____是重要的抗震构造措施之一。

10. 楼梯的净高在平台处不应小于_____，在梯段处不应小于_____。

11. 厕所面积、形状和尺寸是根据_____来确定的。

12. 平屋顶的隔热通常有通风隔热、_____和_____、反射降温等处理方法。

13. 楼梯的坡度应控制在_____度至_____度之间。

14. 平屋顶泛水构造中，泛水高度应为_____。

15. 建筑工业化的特点：_____、_____、_____和_____。

16. 墙身加固的措施有_____、_____、_____。

17. 确定房间层数的主要影响因素有_____。

18. 剖面设计的主要内容是_____、_____及各部分标高。

19. 按生产状况，工业建筑可归纳为_____、_____、_____和_____四种基本类型。

20. 当墙身两侧室内地面标高有高差时，为避免墙身受潮，常在室内地面处设_____并在靠土的垂直墙面设_____。

21. 在不增加梯段长度的情况下，为了增加踏步面的宽度，常用的方法是_____。

22. 厂房外墙按受力的情况可分为_____和_____；按所用材料和构造方式可分为_____和_____。

23. 建筑物的耐火等级是由构件的_____两个方面来决定的，共分_____级。

24. 预制钢筋混凝土楼板的搁置应避免出现_____支承情况，即板的纵长边不得伸入砖墙内。

25. 箱形基础主要应用于_____地基和_____建筑中。

26. 平屋顶的排水找坡可由_____与_____两种方法形成。

27. 住宅主卧室的净宽一般应大于床的长度加门的宽度和必要的间隙，因此，其开间一般不小于_____m。

28. 钢筋混凝土楼板按施工方式不同分为_____、_____和装配整体式楼板三种。

29. 地基土质均匀时，基础应尽量_____，但最小埋深应不小于500mm。

30. 坡屋顶的承重结构有_____、_____和_____三种。

三、简答题（每小题6分，共30分）

1. 确定民用建筑中门的位置应考虑哪些问题？

2. 抹灰类墙面装修中，抹灰层的组成、作用和厚度是什么？

3. 平开木窗的防水薄弱环节在什么位置？如何处理？

4. 在装配式钢筋混凝土排架结构单层厂房中，与横向、纵向定位轴线有关的主要构件各有哪些？

5. 门和窗按开启方式如何分类？窗的洞口尺寸如何确定？

四、判断题（每题2分，共10分，正确打"√"，错误打"×"）

1. 墙面装修就是为了提高建筑物的艺术效果和美化环境。　　　　　　（　）
2. 在没有特殊要求的普通房间中，窗台的高度一般取900mm。　　　　（　）
3. 楼梯、电梯、自动扶梯是各楼层间的上、下交通设施，有了电梯和自动扶梯的建筑就可以不设楼梯了。　　　　　　　　　　　　　　　　　　（　）
4. 天然采光的基本要求为：保证室内采光的强度、均匀度及避免眩光。（　）
5. 房间的层高是指楼地面到顶棚表面或梁底的垂直距离。　　　　　　（　）

五、设计绘图题（20分）

1. 绘图表示屋顶有组织排水挑檐檐口的构造做法（西安地区多层砖混结构住宅，卷材防水屋面，设找坡层、保温层），并注出屋顶各构造层顺序、名称。

2. 绘图表示挑板式雨篷的构造。

模 拟 题 四

房屋建筑学试题

一、**填空题**（每题1分，共10分）

1. 平屋顶排水坡度的形成方法有_____和_____两种。
2. 门框的安装方法有_____和_____两种。
3. 钢筋混凝土圈梁的宽度宜与_____相同，高度不小于_____。
4. 建筑工业化的特征是_____。
5. 轻型板材在骨架建筑上的组合和支承有不同要求，一般有_____和_____两种。
6. 建筑物的结构按其选用材料不同，常可分为木结构，_____结构，_____结构和钢结构四种类型。
7. 楼梯由_____、_____和_____三部分组成。
8. 按生产状况，工业建筑可分为_____车间、_____车间、_____车间和洁净车间。
9. 建筑物的耐火等级是由建筑物主要构件的_____和_____来确定，共分为_____级。
10. 在预制踏步梁承式楼梯中，三角形踏步一般搁置在_____形梯梁上，L形和一字形踏步应搁置在_____形梯梁上。

二、**选择题**（每题1分，共15分）

1. 钢筋混凝土圈梁其宽度与墙同厚，高度一般不小于（　　）mm。
 A. 120 B. 180
 C. 200 D. 240
2. 建筑立面的重点处理常采用（　　）手法。
 A. 对比 B. 均衡
 C. 统一 D. 韵律
3. 当门窗洞口上部有集中荷载作用时，其过梁可选用（　　）。
 A. 平拱砖过梁 B. 弧拱砖过梁
 C. 钢筋砖过梁 D. 钢筋混凝土过梁
4. 民用建筑包括居住建筑和公共建筑，其中（　　）属于居住建筑。

A. 托儿所 B. 宾馆
C. 公寓 D. 疗养院

5. 布置边井式天窗,屋架宜选用( )。
A. 拱形屋架 B. 三角形屋架
C. 屋架梁 D. 梯形屋架

6. 单层厂房非承重山墙处纵向端部柱的中心线应( )。
A. 自墙内缘内移600mm
B. 与山墙内缘重合
C. 在山墙内,并距山墙内缘为半砖或半砖的倍数或墙厚的一半
D. 自墙内缘外移600mm

7. 无障碍设计对坡道坡度的要求是不大于( )。
A. 1/20 B. 1/16
C. 1/12 D. 1/10

8. 屋面与山墙,女儿墙,烟囱等交接处,须做( )处理。
A. 排水 B. 集水
C. 泛水 D. 顺水

9. 热加工车间一般采用( )天窗。
A. 矩形 B. 矩形避风
C. 平 D. 下沉式通风

10. 建筑物底层地面至少应高出室外地面( )mm。
A. 450 B. 600
C. 100 D. 150

11. 下面三种平面图不属于建筑施工图的是( )。
A. 总平面图 B. 基础平面图
C. 底层平面图 D. 屋顶平面图

12. 在楼梯形式中,不宜用于疏散楼梯的是( )。
A. 直跑楼梯 B. 两跑楼梯
C. 剪刀楼梯 D. 螺旋形楼梯

13. 在倒铺保温层屋面体系中,所用的保温材料为( )。
A. 膨胀珍珠岩板块 B. 散料保温材料
C. 聚苯乙烯 D. 加气混凝土

14. 建筑物按耐久年限分为四级,其中二级耐久年限为( )年。
A. 20～50 B. 50～75
C. 50～100 D. 低于20

15. 当地下水位很高,基础不能埋在地下水位以上时,应将基础底面埋置在( )下,从而减少和避免地下水的浮力和影响等。
A. 最高水位200mm B. 最低水位200mm
C. 最高水位500mm D. 最高和最低水位之间

三、名词解释（每题2分，共10分）

1. 耐火极限

2. 基础埋置深度

3. 三毡四油

4. 有组织排水

5. 自由落水

四、简答题（共25分）

1. 影响建筑构造的因素有哪些？

2. 什么叫附加圈梁？构造做法有什么要求？

3. 影响房间的平面形状的因素有哪些？为什么矩形平面被广泛采用？

4. 为什么要对地下室做防潮防水处理?

5. 木门框与墙之间的缝隙通常如何处理?

五、作图题（共 40 分）

1. 绘图说明外窗台构造要点。

2. 绘图示意不上人平屋顶的伸缩缝构造。

3. 试画简图表示南北方地区热车间剖面形式有何不同？并略加说明。

4. 绘出（1—1、2—2）的剖面示意图（标明板、次梁、主梁、柱）。

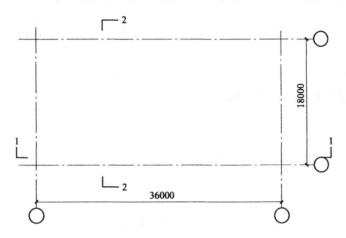

模 拟 题 五

房屋建筑学试题

一、不定项选择题（15分）

1. 预制装配墙悬臂式钢筋混凝土楼梯，踏步板悬挑长度一般不大于(　　)mm。
   A. 1000　　　　　　　　　　B. 1800
   C. 2500　　　　　　　　　　D. 3000

2. 横墙承重布置方案适用于房间(　　)的建筑。
   A. 开间尺寸大　　　　　　　B. 大空间
   C. 横墙间距小　　　　　　　D. 开间大小变化较多

3. 一般基础应争取埋藏在(　　)。
   A. 最高水位以下　　　　　　B. 最低水位以下
   C. 最高水位以上　　　　　　D. 最低水位以上

4. 下列(　　)组数字符合建筑模数统一制的要求。
   Ⅰ. 3000mm　Ⅱ. 3330mm　Ⅲ. 50mm　Ⅳ. 1560mm
   A. Ⅰ、Ⅱ　　　　　　　　　B. Ⅰ、Ⅲ
   C. Ⅱ、Ⅲ　　　　　　　　　D. Ⅰ、Ⅳ

5. 材料找坡适用于坡度为(　　)以内，跨度不大的平屋顶。
   A. 千分之五　　　　　　　　B. 千分之一
   C. 百分之五　　　　　　　　D. 百分之十

6. 散水是将屋面雨水有组织导向地下集水井，起保护建筑物四周(　　)作用。
   A. 勒脚　　　　　　　　　　B. 墙基
   C. 保护底层地面不受潮　　　D. 只起排除雨水作用

7. 圈梁遇洞口中断，所设的附加圈梁与原圈梁的搭接长度应满足(　　)。
   A. ≤2h 且≤1000mm　　　　 B. ≤4h 且≤1500mm
   C. ≥2h 且≥1000mm　　　　 D. ≥4h 且≥1500mm

8. 柱网的选择，实际上是(　　)。
   A. 确定跨度　　　　　　　　B. 确定柱距
   C. 确定跨度和柱距　　　　　D. 确定定位轴线

9. 现浇钢筋混凝土板式楼梯传力过程是(　　)。
   A. 荷载　　　　　　　　　　B. 平台梁
   C. 踏步板　　　　　　　　　D. 两边墙（或柱）

10. 变形缝构造处理的原则是( )。
    A. 留置必要的缝宽
    B. 外墙处理应做到不漏风雨
    C. 表面处理材料应耐久、轻、易于固定
    D. 保证建筑结构各部分自由变形受到约束
11. 楼板层的组成是( )。
    A. 面层   B. 楼板
    C. 顶棚   D. 构造层
12. 楼板层的隔声构造措施不正确的是( )。
    A. 楼面上铺设地毯   B. 设置矿棉毡垫层
    C. 做楼板吊顶处理   D. 设置混凝土垫层
13. 对于要求光线稳定、可调节温度、湿度的厂房，如纺织厂，多采用( )的锯齿形天窗。
    A. 窗口朝东   B. 窗口朝南
    C. 窗口朝西   D. 窗口朝北
14. 墙与柱和屋架必须有可靠的连接，常用做法是沿柱高每( )mm平行伸出两根φ6钢筋砌入砌体水平灰缝中。
    A. 800～1000   B. 500～600
    C. 300～400   D. 900
15. 热垫层通风时其热压大小不决定于( )。
    A. 进排气口间距离   B. 室内空气密度
    C. 室外空气密度   D. 气流速度

二、**填空题**（每小题1分，共30分）

1. 单侧采光时，进深不大于窗上口至地面距离的_____倍。
2. 矩形天窗由_____天窗扇，天窗屋面板，天窗侧板及天窗端壁等构件组成。
3. 在建筑平面设计中，交通联系部分设计的主要要求是：_____
_____
_____。
4. 常用电梯形式有_____梯，病床梯，杂物电梯等。
5. 工业建筑按生产状况可以分为冷加工车间，热加工车间，恒温恒湿车间和_____。
6. 基础是位于建筑物地下部位的_____构件，承受着建筑物的全部荷载，并将这些荷载传给_____。
7. 宋代的建筑专著《营造法式》，由_____主持编纂。
8. 伸缩缝要求将建筑物从_____至_____分开；沉降缝要求建筑物从_____至_____分开。当既设伸缩缝又设防震缝时，缝宽按照_____处理。

9. 抗震设防地区，为了增加整体性和稳定性，多层砖混结构的墙体中，还需设置_____，并与_____连接，形成空间骨架。_____是防止房屋倒塌的一种有效措施。

10. 底层地面一般由_____和_____两大部分组成。

11. 为了遮挡视线，在厕所的前部宜设置深度不小于1.5~2.0m的_____。

12. 用于墙面装修的天然石材常见的有_____和大理石。

13. 墙身水平防潮层常用的三种材料是_____、_____和_____。

14. 屋顶排水方式分为_____排水和_____排水两大类。

15. 平面组合的优劣主要体现在合理的_____及明确的_____两个方面。

16. 门的位置要考虑_____。

17. 基础按构造形式分为_____基础、_____基础、井格基础、_____基础和_____基础等。

18. 建筑工程设计包括_____、_____、_____等三方面。

19. 建筑是一个通称，它包括_____与_____。

20. 厂房钢天窗扇的开启方式常见的有_____式和_____式。

21. 涂料按其主要成膜物的不同可分为_____涂料和_____涂料两大类。

22. 按阳台与外墙关系可分为凸阳台、_____和半挑半凹阳台。

23. 平天窗的特点是：_____。

24. 平屋顶是指坡度小于_____的屋顶。

25. 屋顶坡度的形成方法有_____和_____。

26. 为保证抹灰质量，作到表面平整，粘结牢固，色彩均匀，不开裂，施工时须_____操作。

27. 一般民用建筑门的高度不宜小于_____mm。

28. 实际尺寸与构造尺寸间的差数应符合_____的规定。

29. 北京地区空心板的标准板缝为_____mm，当缝大于_____mm时应在缝中加筋。

30. 构造柱的最小截面尺寸是_____。

三、**简答题**（每小题6分，共30分）

1. 影响房间平面形状的因素有哪些？为什么矩形平面被广泛采用？

2. 影剧院中观众厅的平面形状主要有矩形、钟形、扇形、六角形等，试绘出这几种形状的平面示意图，并分别阐明其特点。

3. 说明平行双跑楼梯构造设计的内容？

4. 确定走廊宽度设计应考虑哪些因素？

5. 对隔墙在构造上及功能上有哪些要求？

四、计算设计题（共 25 分）

1. 试设计寒冷地区外墙保温构造，用图和文字（任选一种）表明。(10 分)

2. 画出平屋顶上变形缝的作法。(5 分)

3. 使用功能的合理是建筑设计的主要原则之一，请把医院门诊所的下述几个部门绘成功能关系图。(10 分)
   (1) 诊疗　(2) X 光室　(3) 暗室　(4) 发药　(5) 制药　(6) 药库

模 拟 题 六

房屋建筑学试题

一、选择题（每小题 2 分，共 20 分）

1. 一级建筑的耐久年限为( )年以上。
   A. 15   B. 25
   C. 50   D. 100

2. 楼梯踏步宽度以( )mm 为宜。
   A. 100   B. 150
   C. 200   D. 300

3. 勒脚是墙身接近室外地面的部分，常用的材料为( )。
   A. 混合砂浆   B. 水泥砂浆
   C. 纸筋灰   D. 膨胀珍珠岩

4. 楼板层的构造说法正确的是( )。
   A. 楼板应有足够的强度，可不考虑变形问题
   B. 槽形板上不可打洞
   C. 空心板保温隔热效果好，且可打洞，故常采用
   D. 采用花篮梁可适当提高室内净空高度。

5. 楼梯的角度越小，则( )。
   A. 行走方便，梯段所占面积亦小   B. 行走方便，与梯段所占面积无关
   C. 行走不便，梯段所占面积亦小   D. 行走方便，梯段所占面积较大

6. 抹灰按质量要求分( )。
   A. 普通抹灰   B. 低级抹灰
   C. 中级抹灰   D. 高级抹灰

7. 基础的埋深应考虑( )。
   A. 地基构造   B. 地下水位
   C. 冻结深度   D. 相邻建筑的埋深

8. 建筑物中，确定楼梯的数量应根据( )。
   A. 使用人数和防火规范   B. 使用功能
   C. 设计要求   D. 体量和层数

9. 居住建筑中，使用最广泛木门为( )。
   A. 平开门   B. 弹簧门

C. 转门 D. 推拉门
10. 门的主要作用是（　　）。
　　A. 交通联系　　　　　　B. 采光通风
　　C. 隔声　　　　　　　　D. 保温

二、填空题（每小题2分，共30分）

1. 扩大模数的基数为3M、6M、_____、12M、30M、60M。
2. 地坪由面层、_____和基层组成。
3. 箱形基础主要应用于_____地基和_____建筑中。
4. 楼板层的基本构成部分有_____、_____等。
5. 预制板搁置在墙上的长度不小于_____mm。
6. 主要用于采光的天窗有_____、_____、_____和_____。
7. 沿建筑长轴方向布置的墙称为_____墙。
8. 楼梯一般由_____、_____、_____三部分组成。
9. 伸缩缝从_____开始，将墙体、楼板、屋顶全部构件断开。
10. 建筑立面的虚实对比，通常是指由于_____凹凸的_____效果所形成的比较强烈的明暗对比关系。
11. 在框架承重的房屋中，柱是_____结构。
12. 散水与外墙交接处应设_____。
13. 基础按所用材料及受力特点可分为_____和_____。
14. 木门窗的安装方法有_____和_____两种。
15. 木窗代号是_____，钢窗代号是_____，门的代号是M。

三、简答题（每小题6分，共30分）

1. 建筑物由哪几部分组成？各组成部分有何作用？

2. 木门框与墙之间的缝隙通常如何处理？

3. 刚性防水面为什么要设置分格缝？通常在哪些部位设置分格缝？

4. 屋顶的坡度是如何确定的？

5. 框架结构中，如何确定跨度尺寸？

四、设计绘图题（20分）

某单元式住宅，层数为6层，层高为2.8m，底层中间平台下设出入口。

要求：（1）开间、进深按最小尺寸考虑，写出设计过程。

（2）绘图：1）绘出第一层、第二层及第六层楼梯间平面简图，标出每个梯段的踏步数、踏步宽度、梯段、梯井、平台尺寸及标高。（10分）

2）绘出三层楼的楼层平台以下的楼梯剖面简图，标出踏步高度、平台标高及重要尺寸。（10分）

模 拟 题 七

房屋建筑学试题

一、选择题（每小题2分，共30分）

1. 1/4砖墙尺寸为(　　)mm。
   A. 53　　　　　　　　　　　B. 120
   C. 178　　　　　　　　　　 D. 365

2. 隔墙构造设计应满足(　　)。
   A. 自重轻　　　　　　　　　B. 厚度薄
   C. 便于拆卸　　　　　　　　D. 有一定的隔声能力

3. 加强房屋的整体性可以采取以下措施(　　)。
   A. 加强纵横墙间的连接　　　B. 加强楼板与墙体之间的连接
   C. 加强楼板与楼板之间的连接　D. 增加建筑造价

4. 宜用有组织排水的场合是(　　)。
   A. 寒冷地区　　　　　　　　B. 高层建筑
   C. 一般低层建筑　　　　　　D. 临街建筑
   E. 需设女儿墙的建筑

5. 下列常用于屋面保温的材料是(　　)。
   A. 膨胀蛭石　　　　　　　　B. 膨胀珍珠岩
   C. 加气混凝土　　　　　　　D. 岩棉
   E. 聚苯板

6. 幼儿园建筑层数不应超过(　　)。
   A. 2层　　　　　　　　　　 B. 3层
   C. 4层　　　　　　　　　　 D. 5层

7. 供二人通行的楼梯宽度常取(　　)。
   A. 900~1100　　　　　　　　B. 1100~1200
   C. 1200~1500　　　　　　　 D. 1500~1600

8. 南方炎热地区当采用钢筋混凝土屋面板时，需考虑隔热措施的高度是(　　)。
   A. 4m　　　　　　　　　　　B. 6m
   C. 7m　　　　　　　　　　　D. 9m

9. 公共建筑出入口的数量不应少于(　　)。
   A. 1个　　　　　　　　　　 B. 2个

C. 3个　　　　　　　　　　D. 4个
10. 卷材防水屋面不可缺少的层次是(　　)。
　　A. 保温层　　　　　　　　B. 结构层
　　C. 找平层　　　　　　　　D. 隔热层
11. 不是双跑楼梯显著特点的是(　　)。
　　A. 平面紧凑　　　　　　　B. 形式活泼
　　C. 结构简单　　　　　　　D. 使用方便
12. 中小型建筑常用楼梯形式包括(　　)。
　　A. 直跑式　　　　　　　　B. 双跑式
　　C. 曲尺式　　　　　　　　D. 剪刀式
　　E. 螺旋式
13. 功能分区时房间之间关系不应考虑的是(　　)。
　　A. 主次关系　　　　　　　B. 内外关系
　　C. 联系与分隔关系　　　　D. 大小关系
14. 属于房屋主要承重构件的是(　　)。
　　A. 门窗　　　　　　　　　B. 过梁
　　C. 楼梯　　　　　　　　　D. 基础
15. 矩形天窗架跨度一般符合(　　)。
　　A. 3M　　　　　　　　　　B. 6M
　　C. 30M　　　　　　　　　 D. 60M

二、填空题（每题1分，共15分）

1. 不承受外来荷载，只承受自重的墙称为_____。
2. _____须将建筑物的基础、墙体、楼、地层、屋顶等构件全部断开。
3. 中型以上的热加工厂房，如轧钢、铸工、锻工等，应采用_____平面形式。
4. 刚性防水屋面的分仓缝宽度一般为_____mm。
5. 窗洞口宽度和高度应采用_____mm的模数。
6. 37砖墙的实际厚度为_____。
7. 钢筋混凝土基础属于_____性基础。
8. 楼梯设计中，楼梯平台宽度一定要_____楼梯段宽度。
9. 锯齿形天窗的窗口宜朝向_____。
10. 当地下水常年水位和最高水位都在地下室地坪标高以上时，地下室应采用_____。
11. 双向楼梯的最小厚度为_____。
12. 建筑设计一般分为_____个阶段。
13. 基础埋置深度是指_____的距离。
14. 深基础是指建筑物的基础埋深大于_____。
15. 单层厂房立面设计中常采用做法有_____划分和_____划

分等手法。

三、**名词解释**（每题3分，共15分）

1. 变形缝

2. 刚性基础

3. 勒脚

4. 有组织排水

5. 无组织排水

四、**简答题**（共20分）

1. 为什么按照上人和不上人屋面的分类，柔性防水屋面的保护层做法会有所不同？各有何常用做法？

2. 什么是工业化建筑？工业化建筑有哪些？

3. 刚性防水屋面分格缝的作用有哪些?

4. 刚性防水屋面为什么要设置分仓缝?

5. 圈梁的作用是什么?

五、设计绘图题（20分）

1. 用一个剖面简图叙述墙身防潮、勒脚、散水的构造做法。

2. 试画出柔性防水屋面泛水构造图。

模 拟 题 八

房屋建筑学试题

一、填空题（每题1分，共15分）

1. 构成建筑的基本要素是_____、_____和_____。其中起主导作用的是_____。
2. 为了保证建筑制品、构配件等有关尺寸间的统一协调，在建筑模数协调中尺寸分为_____、_____、_____。
3. 建筑等级一般按_____和_____进行划分。
4. 建筑按规模和数量可分为_____和_____。
5. 建筑物的耐久等级根据建筑物的重要性和规模划分为_____级。耐久等级为二级的建筑物其耐久年限为_____年。
6. 建筑物的耐火等级由_____和_____确定，建筑物的耐火等级一般分为_____级。
7. 一幢民用或工业建筑，一般是由基础、楼梯、_____、_____、_____和门窗等六部分组成。
8. 基础按所用材料及受力特点可分为_____和_____。
9. 基础按其构造特点可分为单独基础、_____基础、_____基础、_____基础及桩基础等几种类型。
10. 由于地下室的墙身、底板埋于地下，长期受地潮和地下水的侵蚀，因此地下室构造设计的主要任务是_____和_____。
11. 地下室砖墙须做防潮处理，墙体必须采用_____砂浆砌筑，灰缝应饱满，墙身外侧设_____。
12. 按施工方式不同，常见的墙面装修可分为_____、_____、_____、_____和_____等五类。
13. 墙面装修的作用有_____、_____、_____。
14. 墙体按构造方式不同，有_____、_____、_____。
15. 明代计成所著_____一书，详述园林设计思想和具体作法，是我国古代最完备的一部园林学专著。

二、选择题（每题2分，共30分）

1. 下面属于柔性基础的是(　　)。

A. 钢筋混凝土基础 B. 毛石基础
C. 素混凝土基础 D. 砖基础

2. 下面四种平面图不属于建筑施工图的是( )。
A. 总平面图 B. 基础平面图
C. 首层平面图 D. 屋顶平面图

3. 墙体勒脚部位的水平防潮层一般设于( )。
A. 基础顶面
B. 底层地坪混凝土结构层之间的砖缝中
C. 底层地坪混凝土结构层之下 60mm 处
D. 室外地坪之上 60mm 处

4. 关于变形缝的构造做法,下列哪个是不正确的( )。
A. 当建筑物的长度或宽度超过一定限度时,要设伸缩缝
B. 在沉降缝处应将基础以上的墙体、楼板全部分开,基础可不分开
C. 当建筑物竖向高度相差悬殊时,应设伸缩缝
D. 为了消除基础不均匀沉降,应按要求设置基础沉降缝

5. 下列哪种做法不是墙体的加固做法( )。
A. 当墙体长度超过一定限度时,在墙体局部位置增设壁柱
B. 设置圈梁
C. 设置钢筋混凝土构造柱
D. 在墙体适当位置用砌块砌筑

6. 楼梯构造不正确的是( )。
A. 楼梯踏步的踏面应光洁、耐磨、易于清扫
B. 水磨石面层的楼梯踏步近踏口处,一般不做防滑处理
C. 水泥砂浆面层的楼梯踏步近踏口处,可不做防滑处理
D. 楼梯栏杆应与踏步有可靠连接

7. 楼板层的隔声构造措施不正确的是( )。
A. 楼面上铺设地毯 B. 设置矿棉毡垫层
C. 做楼板吊顶处理 D. 设置混凝土垫层

8. 散水的构造做法,下列哪种是不正确的( )。
A. 在素土夯实上做 60~100mm 厚混凝土,其上再做 5% 的水泥砂浆抹面。
B. 散水宽度一般为 600~1000mm。
C. 散水与墙体之间应整体连接,防止开裂。
D. 散水宽度比采用自由落水的屋顶檐口多出 200mm 左右。

9. 为提高墙体的保温与隔热性能,不可采取的做法( )。
A. 增加外墙厚度 B. 采用组合墙体
C. 在靠室外一侧设隔汽层 D. 选用浅色的外墙装修材料

10. 用标准砖砌筑的墙体,下列哪个墙段长度会出现非正常砍砖( )。
A. 490mm B. 620mm
C. 740mm D. 1100mm

11. 下列哪种砂浆既有较高的强度又有较好的和易性( )。
    A. 水泥砂浆   B. 石灰砂浆
    C. 混合砂浆   D. 粘土砂浆
12. 图中砖墙的组砌方式是( )。
    A. 梅花丁
    B. 多顺一丁
    C. 一顺一丁
    D. 全顺式
13. 图中砖墙的组砌方式是( )。
    A. 梅花丁
    B. 多顺一丁
    C. 全顺式
    D. 一顺一丁
14. 施工规范规定的砖墙竖向灰缝宽度为( )。
    A. 6~8mm   B. 7~9mm
    C. 10~12mm D. 8~12mm
15. 基础埋深的最小深度为( )。
    A. 0.3m   B. 0.5m
    C. 0.6m   D. 0.8m

三、名词解释（每题 5 分，共 25 分）

1. 工业建筑

2. 柔性连接

3. 刚性连接

4. 采光系数

5. 结构找坡

四、简答题（每题5分，共25分）

1. 排预制板时，板与房间的尺寸出现差额如何处理？

2. 楼板在墙上与梁上的支承长度如何？

3. 什么叫装配整体式楼面？什么叫叠合楼板？

4. 楼地面分为哪几类？哪些地面是整体式地面，哪些地面是块料地面？

5. 水泥地面与水磨石地面的构造如何？

五、作图题（5分）

绘制平面简图表示体型组合中各体量之间的三种连接方法。

模 拟 题 九

房屋建筑学试题

一、选择题（每题2分，共40分）

1. 单股人流通行宽度，建筑规范对住宅、公共建筑楼梯梯段宽度的限定是（　　）。
   A．600mm～700mm、≥1200mm、≥3000mm
   B．500mm～600mm、≥1100mm、≥1300mm
   C．600mm～700mm、≥1200mm、≥1500mm
   D．500mm～650mm、≥1100mm、≥1300mm

2. 梯井宽度以（　　）为宜。
   A．60～150mm　　　　　　　　B．100～200mm
   C．60～200mm　　　　　　　　D．60～150mm

3. 楼梯栏杆扶手的高度，供儿童使用的楼梯增设扶手的高度一般为（　　）。
   A．1000mm、400mm　　　　　　B．900mm、500～700mm
   C．900mm、500～600mm　　　　D．900mm、400mm

4. 楼梯下要通行，一般其净高度不小于（　　）。
   A．2100mm　　　　　　　　　　B．1900mm
   C．2000mm　　　　　　　　　　D．2400mm

5. 下面哪些是预制装配式钢筋混凝土楼梯（　　）。
   A．扭板式、梁承式、墙悬臂式　　B．梁承式、扭板式、墙悬臂式
   C．墙承式、梁承式、墙悬臂式　　D．墙悬臂式、扭板式、墙承式

6. 预制装配式梁承式钢筋混凝土楼梯的预制构件可分为（　　）。
   A．梯段板、平台梁、栏杆扶手　　B．平台板、平台梁、栏杆扶手
   C．踏步板、平台梁、平台板　　　D．梯段板、平台梁、平台板

7. 预制楼梯踏步板的断面形式有（　　）。
   A．一字形、L形、倒L形、三角形　B．矩形、L形、倒L形、三角形
   C．L形、矩形、三角形、一字形　　D．倒L形、三角形、一字形、矩形

8. 在预制钢筋混凝土楼梯的梯段与平台梁节点处理中，就平台梁与梯段之间的关系而言，有（　　）方式。
   A．埋步、错步　　　　　　　　　B．不埋步、不错步
   C．错步、不错步　　　　　　　　D．埋步、不埋步

9. 下面那些是现浇钢筋混凝土楼梯（　　）。

A. 梁承式、墙悬臂式、扭板式　　　　B. 梁承式、梁悬臂式、扭板式
C. 墙承式、梁悬臂式、扭板式　　　　D. 墙承式、墙悬臂式、扭板式

10. 防滑条应突出踏步面(　　)。
A. 1~2mm　　　　B. 5mm
C. 3~5mm　　　　D. 2~3mm

11. 在砖混结构建筑中，承重墙的结构布置方式有(　　)。
注：①横墙承重　②纵墙承重　③山墙承重　④纵横墙承重　⑤部分框架承重
A. ①②　　　　B. ①③
C. ④　　　　D. ①②③④⑤

12. 纵墙承重的优点是(　　)。
A. 空间组合较灵活　　　　B. 纵墙上开门、窗限制较少
C. 整体刚度好　　　　D. 楼板所用材料较横墙承重少

13. 横墙承重方案中建筑开间在(　　)较经济。
A. 3.0m　　　　B. 4.2m
C. 2.4m　　　　D. 5.7m

14. 提高外墙保温能力可采用(　　)。
注：①选用热阻较大的材料　②选用重量大的材料　③选用孔隙率高、密度小(轻)的材料　④防止外墙产生凝结水　⑤防止外墙出现空气渗透
A. ①③④　　　　B. ①②⑤
C. ②⑤　　　　D. ①②③④⑤

15. 普通黏土砖的规格为(　　)。
A. 240mm×120mm×60mm　　　　B. 240mm×110mm×55mm
C. 240mm×115mm×53mm　　　　D. 240mm×115mm×55mm

16. 墙脚采用(　　)等材料，可不设防潮层。
注：①黏土砖　②砌块　③条石　④混凝土
A. ①③④　　　　B. ②③⑤
C. ①②④　　　　D. ③④

17. 当门窗洞口上部有集中荷载作用时，其过梁可选用(　　)。
A. 平拱砖过梁　　　　B. 弧拱砖过梁
C. 钢筋砖过梁　　　　D. 钢筋混凝土过梁

18. 在考虑墙体的内外表面装修做法时，应尽可能使进入墙体的水蒸汽(　　)。
A. 进易出难　　　　B. 进难出易
C. 进易出易　　　　D. 进难出难

19. 下列哪种做法属于抹灰类饰面(　　)。
A. 陶瓷锦砖面　　　　B. 塑料壁纸面
C. 水磨石面　　　　D. 大理石面

20. 在玻璃幕墙立面划分中，通常竖梃间距不超过(　　)。
A. 1.5m　　　　B. 1.8m
C. 1.2m　　　　D. 0.9m

二、填空题（每题1分，共20分）

1. 标准砖的规格为_____，砌筑砖墙时，必须保证上下皮砖缝_____ _____搭接，避免形成通缝。
2. 常见的隔墙有_____、_____和_____。
3. 变形缝包括_____、_____和_____。
4. 伸缩缝要求将建筑物从_____分开；沉降缝要求建从_____。当既设伸缩缝又设防震缝时，缝宽按_____处理。
5. 按阳台与外墙的位置和结构处理的不同，阳台可分为_____、_____和_____。
6. 阳台结构布置方式有_____、_____和_____。
7. 楼板层的基本构成部分有_____、_____等。
8. 常见的地坪由_____、_____、_____所组成。
9. 吊顶一般由_____和_____两部分组成。
10. 现浇钢筋混凝土楼梯，按梯段传力特点分为_____和_____。
11. 楼梯一般由_____、_____、_____三部分组成。
12. 楼梯段的踏步数一般不应超过_____级，且不应少于_____级。
13. 屋顶的外形有_____、_____和其他类型。
14. 屋顶的排水方式分为_____和_____。
15. 屋顶坡度的形成方法有_____和_____。
16. 瓦屋面的构造一般包括_____、_____和_____三个组成部分。
17. 木门窗的安装方法有_____和_____两种。
18. 窗的作用是_____、_____和_____。
19. 建筑工程设计包括_____、_____、_____等三方面。
20. 设计程序中的两阶段设计是指_____和_____。

三、简答题（每题5分，共20分）

1. 简述门窗的作用和要求。

2. 规定楼梯的净空高度有什么意义？尺寸是多少？

3. 坡屋顶如何解决保温隔热的问题？

4. 楼梯的作用是什么？设计要求有哪些？

四、设计题（20分）

墙身构造设计

1. 设计条件

今有一两层建筑物，外墙采用砖墙（墙厚由学生根据各地区的特点自定），墙上有窗。室内外高差为450mm。室内地坪层次分别为素土夯实，3:7灰土厚100mm，C10素混凝土层厚80mm，水泥砂浆面层厚20mm。采用钢筋混凝土楼板。

2. 设计内容

要求沿外墙窗部位纵剖，直至基础以上，绘制墙身剖面。重点绘制以下大样。比例为1:10。

(1) 楼板与砖墙结合节点；

(2) 过梁；

(3) 窗台；

(4) 勒脚及其防潮处理；

(5) 明沟或散水。

3．图纸要求

用一张3号图纸完成。图中线条、材料等，一律按建筑制图标准表示。

4．说明

（1）如果图纸尺寸不够，可在节点与节点之间用折断线断开，亦可将五个节点分为两部分布图；

（2）图中必须注明具体尺寸，注明所用材料；

（3）要求字体工整，线条粗细分明。

模拟题十

房屋建筑学试题

一、选择题（每小题2分，共40分）

1. 房屋一般由(　　)组成。
   A. 基础、楼板、地面、楼梯、墙（柱）、屋顶、门窗
   B. 地基、楼板、地面、楼梯、墙（柱）、屋顶、门窗
   C. 基础、楼地面、楼梯、墙、柱、门窗
   D. 基础、地基、楼地面、楼梯、墙、柱、门窗

2. 组成房屋的构件中，下列既属承重构件又是围护构件的是(　　)。
   A. 墙、屋顶　　　　　　　　B. 楼板、基础
   C. 屋顶、基础　　　　　　　D. 门窗、墙

3. 组成房屋各部分的构件归纳起来是(　　)两方面作用。
   A. 围护作用、通风采光作用　　B. 通风采光作用、承重作用
   C. 围护作用、承重作用　　　　D. 通风采光作用、通行作用

4. 只是建筑物的维护构件的是(　　)。
   A. 墙　　　　　　　　　　　B. 门和窗
   C. 基础　　　　　　　　　　D. 楼板

5. 建筑技术条件是指(　　)。
   A. 建筑结构技术、建筑材料技术、建筑构造技术
   B. 建筑结构技术、建筑材料技术、建筑施工技术
   C. 建筑结构技术、建筑环保技术、建筑构造技术
   D. 建筑结构技术、建筑构造技术、建筑施工技术

6. 建筑构造设计的原则有(　　)。
   A. 坚固适用、技术先进、经济合理、美观大方
   B. 适用经济、技术先进、经济合理、美观大方
   C. 结构合理、技术先进、经济合理、美观大方
   D. 坚固耐用、技术先进、结构合理、美观大方

7. 影响建筑构造的因素有(　　)。
   A. 外界环境、建筑技术条件、建筑材料
   B. 外界环境、建筑施工条件、建筑标准
   C. 外界环境、建筑技术条件、建筑标准

D. 外界环境、建筑施工条件、建筑材料

8. 影响建筑构造的外界环境因素有( )。
   A. 外界作用力、人为因素、地表影响　　B. 外界作用力、气候条件、地表影响
   C. 火灾的影响、人为因素、气候条件　　D. 外界作用力、人为因素、气候条件

9. 组成房屋的维护构件有( )。
   A. 屋顶、门窗、墙（柱）　　B. 屋顶、楼梯、墙（柱）
   C. 屋顶、楼梯、门窗　　D. 基础、门窗、墙（柱）

10. 组成房屋的承重构件有( )。
    A. 屋顶、门窗、墙（柱）、楼板　　B. 屋顶、楼梯、墙（柱）、基础
    C. 屋顶、楼梯、门窗、基础　　D. 屋顶、门窗、楼板、基础

11. 住宅建筑常利用阳台与凹廊形成( )的变化。
    A. 粗糙与细微　　B. 虚实与凸凹
    C. 厚重与轻盈　　D. 简单与复杂

12. 复杂体型体量连接常有( )等方式。
    注：①直接连接　②咬接　③以走廊或连接体连接
    A. ①②　　B. ①③
    C. ②　　D. ①②③

13. 立面的重点处理部位主要是指( )。
    A. 建筑的主立面　　B. 建筑的檐口部位
    C. 建筑的主要出入口　　D. 建筑的复杂部位

14. 为防止墙身受潮，建筑底层室内地面应高于室外地面( )mm 以上。
    A. 150　　B. 300
    C. 450　　D. 600

15. ( )是一切形式美的基本规律。
    注：①对比　②统一　③虚实　④变化
    A. ①②　　B. ①③
    C. ②　　D. ②④

16. 单侧采光房间窗户上沿离地高应大于房间进深长度的( )。
    A. 1/2　　B. 1/4
    C. 2倍　　D. 4倍

17. 无特殊要求房间窗台高度常取( )。
    A. 900　　B. 1200
    C. 1500　　D. 1800

18. 住宅、商店等一般民用建筑室内外高差不大于( )。
    A. 900　　B. 600
    C. 300　　D. 150

19. 为使观众厅声音均匀，宜采用( )棚。
    A. 连片形　　B. 波浪形
    C. 分层式　　D. 悬挂式

20. 托儿所、幼儿园层数不宜超过(　　)。
　　A. 2层　　　　　　　　　　B. 3层
　　C. 4层　　　　　　　　　　D. 5层

二、填空题（每题1分，共20分）

1. 墙体按施工方式不同可分为_____、_____、_____。
2. 标准砖的规格为_____，砌筑砖墙时，必须保证上下皮砖缝_____搭接，避免形成通缝。
3. 常见的隔墙有_____、_____和_____。
4. 变形缝包括_____、_____和_____。
5. 伸缩缝要求将建筑物从_____分开；沉降缝要求建筑物从_____。当既设伸缩缝又设防震缝时，缝宽按_____处理。
6. 按阳台与外墙的位置和结构处理的不同，阳台可分为_____、_____和_____。
7. 阳台结构布置方式有_____、_____和_____。
8. 楼板层的基本构成部分有_____、_____等。
9. 常见的地坪由_____、_____、_____所构成。
10. 吊顶一般由_____和_____两部分组成。
11. 现浇钢筋混凝土楼梯，按梯段传力特点分为_____和_____。
12. 楼梯一般由_____、_____、_____三部分组成。
13. 楼梯段的踏步数一般不应超过_____级，且不应少于_____级。
14. 屋顶的外形有_____、_____和其他类型。
15. 屋顶的排水方式分为_____和_____。
16. 屋顶坡度的形成方法有_____和_____。
17. 瓦屋面的构造一般包括_____、_____和_____三个组成部分。
18. 木门窗的安装方法有_____和_____两种。
19. 窗的作用是_____、_____和_____。
20. 建筑工程设计包括_____、_____、_____等三方面。

三、简答题（每题5分，共20分）

1. 楼地层的要求有哪些？

2. 预制钢筋混凝土楼板的特点是什么？常用的板型有哪几种？

3. 现浇钢筋混凝土肋梁板中各构件的构造尺寸范围是什么？

4. 简述实铺木地面的构造要点。

四、作图题（每题5分，共10分）

1. 用简图表示门的开启方式有哪几种？

2. 绘制平面简图表示体型组合中各体量之间的三种连接方法。

五、设计题（10分）

请设计出某幼儿园中的一个幼儿活动单元。内容：活动室 $20\sim25m^2$，卧室 $20\sim25m^2$，卫生间 $12\sim15m^2$，衣帽间 $6m^2$ 左右等。

成果要求：（1）幼儿单元平面图 1∶100

（2）图中要求示意门、窗，注明房间名称，标注开间、进深尺寸及指北针；卫生间简单布置。

（3）要求方案合理，表达清晰；用2B铅笔徒手绘制表达，单线条表示墙体。

模拟题十一

房屋建筑学试题

一、填空题（每题1分，共20分）

1. 设计程序中的两阶段设计是指_____和_____。
2. 建筑平面各部分的使用性质分为_____和_____。
3. 建筑平面设计包括_____平面设计及平面的_____设计。
4. 建筑平面组合形式有走道式、套间式、_____、_____和_____。
5. 厂房生活间的布置方式是_____、_____及_____。
6. 单层厂房的高度是指_____的高度。
7. 根据采光口在外围护结构的位置分为_____、_____及_____三种方式。
8. 厂房外墙面划分方法有_____、_____及_____。
9. 矩形天窗主要由_____、_____、_____及_____等构件组成。
10. 平天窗的类型有_____、_____、_____及_____天窗等四种。
11. 矩形避风天窗的挡风板的支承方式有_____和_____两种。
12. 大板建筑外墙板的接缝防水构造措施有_____和_____。
13. 单层厂房的支撑包括_____和_____。
14. 按施工方式不同，常见的墙面装修可分为_____、_____、_____、_____和_____等五类。
15. 火灾发生的条件有_____、_____、_____三个，缺一不可。
16. 无障碍设计主要针对_____和_____。轮椅的回转半径是_____。
17. 墙体按其施工方法不同可分为_____、_____和_____等三种。
18. 我国标准黏土砖的规格为_____。
19. 砂浆种类有_____、_____、_____和黏土砂

浆等，其中潮湿环境下砌体采用的砂浆为_____，广泛用于民用建筑的地上砌筑的砂浆是_____。

20. 墙体的承重方案有_____、_____、_____和墙柱混合承重等。

二、选择题（每题2分，共30分）

1. 楼板层的构造说法正确的是(　　)。
   A. 楼板应有足够的强度，可不考虑变形问题
   B. 槽形板上不可打洞
   C. 空心板保温隔热效果好，且可打洞，故常采用
   D. 采用花篮梁可适当提高室内净空高度。

2. 下列哪种建筑的屋面应采用有组织排水方式(　　)。
   A. 高度较低的简单建筑　　　B. 积灰多的屋面
   C. 有腐蚀介质的屋面　　　　D. 降雨量较大地区的屋面

3. 下列哪种构造层次不属于不保温屋面(　　)。
   A. 结构层　　　　　　　　　B. 找平层
   C. 隔汽层　　　　　　　　　D. 保护层

4. 平屋顶卷材防水屋面油毡铺贴正确的是(　　)。
   A. 油毡平行于屋脊时，从檐口到屋脊方向铺设
   B. 油毡平行于屋脊时，从屋脊到檐口方向铺设
   C. 油毡铺设时，应顺常年主导风向铺设
   D. 油毡接头处，短边搭接应不小于70mm

5. 屋面防水中泛水高度最小值为(　　)。
   A. 150mm　　　　　　　　　B. 200mm
   C. 250mm　　　　　　　　　D. 300mm

6. 单层厂房抗风柱与屋架的连接传力应保证(　　)。
   A. 垂直方向传力，水平方向不传力　B. 垂直方向不传力，水平方向传力
   C. 垂直方向和水平方向均传力　　　D. 垂直方向和水平方向均不传力

7. 无障碍设计对坡道坡度的要求是不大于(　　)。
   A. 1/20　　　　　　　　　　B. 1/16
   C. 1/12　　　　　　　　　　D. 1/10

8. 装配式单层厂房抗风柱与屋架的连接传力应保证(　　)。
   A. 垂直方向传力，水平方向不传力
   B. 垂直方向不传力，水平方向传力
   C. 垂直方向和水平方向均传力
   D. 垂直方向和水平方向均不传力

9. 下列关于装配式单层厂房的构造说法正确的是(　　)。
   A. 基础梁下的回填土应夯实
   B. 柱距为12m时必须采用托架来代替柱子承重

C. 矩形避风天窗主要用于热加工车间

D. 矩形天窗的采光效率比平天窗高

10. 根据受力状况的不同，现浇肋梁楼板可分为(　　)。

　　A. 单向板肋梁楼板、多向板肋梁楼板

　　B. 单向板肋梁楼板、双向板肋梁楼板

　　C. 双向板肋梁楼板、三向板肋梁楼板

　　D. 有梁楼板、无梁楼板

11. 地坪层由(　　)构成。

　　A. 面层、结构层、垫层、素土夯实层

　　B. 面层、找平层、垫层、素土夯实层

　　C. 面层、结构层、垫层、结合层

　　D. 构造层、结构层、垫层、素土夯实层

12. 地面按其材料和做法可分为(　　)。

　　A. 水磨石地面、块料地面、塑料地面、木地面

　　B. 块料地面、塑料地面、木地面、泥地面

　　C. 整体地面、块料地面、塑料地面、木地面

　　D. 刚性地面、柔性地面

13. 下面属整体地面的是(　　)。

　　A. 釉面地砖地面、抛光砖地面　　B. 抛光砖地面、水磨石地面

　　C. 水泥砂浆地面、抛光砖地面　　D. 水泥砂浆地面、水磨石地面

14. 下面属块料地面的是(　　)。

　　A. 黏土砖地面、水磨石地面　　B. 抛光砖地面、水磨石地面

　　C. 马赛克地面、抛光砖地面　　D. 水泥砂浆地面、耐磨砖地面

15. 木地面按其构造做法有(　　)。

　　A. 空铺、实铺、砌筑　　B. 实铺、空铺、拼接

　　C. 粘贴、空铺、实铺　　D. 砌筑、拼接、实铺

三、作图题（每题5分，共20分）

1. 已知某二层建筑层高为3.6m，在图中标出层高、净高及各层标高。

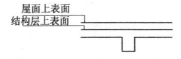

图1

2. 在图中表示外墙墙身水平防潮层和垂直防潮层的位置。

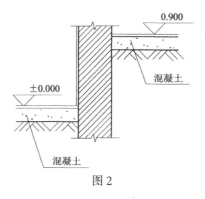

图 2

3. 在图中表示基础的埋深，并表示防潮层的位置和构造做法。

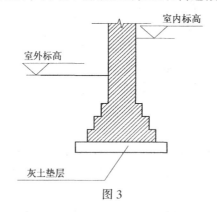

图 3

4. 图中圈梁被窗洞口截断，请在图中画出附加圈梁并标注相关尺寸。

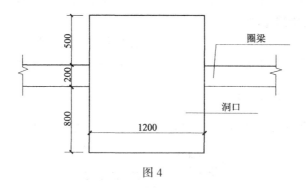

图 4

三、设计题（30分）

(1) 设计为城市型住宅，位于城市居住小区内；
(2) 面积指标：平均每套建筑面积 70～110m^2；
(3) 套型及套型比自定；
(4) 层数：五层；
(5) 层高：2.8～2.9m；

(6) 结构类型：自定；

(7) 房间组成及要求：

居室：包括卧室和起居室，卧室之间不宜相互串套。居室面积规定：

主卧室≥12m²，其他卧室≥6m²，起居室≥18m²；

厨房：每户独用，内设案台、灶台、洗池；

卫生间：每户独用，内设蹲位、脸盆、淋浴（或浴盆）；

储藏设施：根据具体情况设置搁板、吊柜、壁柜等；

阳台：生活阳台1个，服务阳台根据具体情况确定；

其他房间：如书房、客厅、储藏室等可根据具体情况设置。

模拟题十二

房屋建筑学试题

一、填空题（每题1分，共15分）

1. 平屋顶的保温材料的类型有_____、_____和_____三种。
2. 平屋顶的隔热通常有_____、_____、_____和_____等措施。
3. 次梁的经济跨度_____，主梁的经济跨度_____。
4. 工业建筑化体系一般分为_____和_____。
5. 楼板的类型主要有_____、_____、_____、_____。
6. 阳台的类型主要有_____、_____、_____。
7. 平屋顶保温层的做法有_____和_____两种方法。
8. 门的主要功能是_____，有时也兼起_____和_____的作用。窗的主要作用是_____、_____和_____。
9. 基本模数 M＝_____。
10. 构造设计是_____的继续和深入。
11. 建筑的六大部分组成中，属于非承重构件的是_____。
12. 门按安装形式可分为_____、_____。
13. 塞口门洞宽度应比门框大_____高度比门框大_____。
14. 增大井式天窗垂直口净高的方法是采用_____檩条、_____檩条、_____檩条。
15. 工业化建筑类型和施工工艺进行划分，结构类型主要包括_____、_____、_____等三种。

二、选择题（每题3分，共30分）

1. (　　)开启时不占室内空间，但擦窗及维修不便；(　　)擦窗安全方便，但影响家具布置和使用。
   A. 上悬窗、内开窗　　　　　　B. 外开窗、内开窗
   C. 内开窗、外开窗　　　　　　D. 外开窗、固定窗

2. 木窗的窗扇是由( )组成。
   A. 上冒头、下冒头、窗芯、玻璃　　B. 边框、上下框、玻璃
   C. 边框、五金零件、玻璃　　　　　D. 亮子、上冒头、下冒头、玻璃
3. 钢窗采用组合窗的优点是( )。
   A. 耐腐蚀　　　　　　　　　　　　B. 美观
   C. 便于生产和运输　　　　　　　　D. 经济
4. 下列陈述正确的是( )。
   A. 转门可作为寒冷地区公共建筑的外门
   B. 推拉门是建筑中最常见、使用最广泛的门
   C. 转门可向两个方向旋转，故可作为双向疏散门
   D. 车间大门因其尺寸较大，故不宜采用推拉门
5. 下列( )是对铝合金门窗的特点的描述。
   A. 表面氧化层易被腐蚀，需经常维修
   B. 色泽单一，一般只有银白和古铜两种
   C. 质量轻、性能好、色泽美、气密性、隔热性较好
   D. 框料较重，因而能承受较大的风荷载
6. 常用门的高度一般应大于( )。
   A. 1800　　　　　　　　　　　　　B. 1500
   C. 2000　　　　　　　　　　　　　D. 2400
7. 重型机械制造工业主要采用( )。
   A. 单层厂房　　　　　　　　　　　B. 多层厂房
   C. 混合层次厂房　　　　　　　　　D. 高层厂房
8. 工业建筑按用途可分为( )厂房。
   A. 主要、辅助、动力、运输、储存、其他
   B. 单层、多层、混合层次
   C. 冷加工、热加工、恒温恒湿、洁净
   D. 轻工业、重工业等
9. 多层厂房多用于( )。
   A. 重型机械制造厂　　　　　　　　B. 冶炼厂
   C. 汽车厂　　　　　　　　　　　　D. 玩具厂
10. 单层厂房多用于( )。
    A. 电子厂　　　　　　　　　　　　B. 食品厂
    C. 汽车厂　　　　　　　　　　　　D. 玩具厂
11. 冷加工车间是指( )。
    A. 常温下　　　　　　　　　　　　B. 零度以下
    C. 零下5度　　　　　　　　　　　D. 零下10度
12. 工业建筑设计应满足( )的要求。
    注：a. 生产工艺　b. 建筑技术　c. 建筑经济　d. 卫生及安全　e. 建筑造型
    A. a、b　　　　　　　　　　　　　B. c、d、e

C. a、b、c、d D. a、b、c、d、e

13. 生产工艺是工业建筑设计的主要依据( )。
   A. 对 B. 错

14. 热加工车间是指生产中散发大量余热,有时伴随烟雾、灰尘和有害气体产生( )。
   A. 对 B. 错

15. 工业建筑设计与建筑没有共同之处,是一套完全的体系( )。
   A. 对 B. 错

16. 混合层次厂房内既有单层跨,又有多层跨( )。
   A. 对 B. 错

17. 我国《工业企业采光设计标准》中将工业生产的视觉工作分为( )级。
   A. Ⅲ B. Ⅳ
   C. Ⅴ D. Ⅵ

18. 在初步设计阶段,可根据( )来估算厂房采光口面积。
   A. 造型要求 B. 建筑模数
   C. 窗地面积比 D. 立面效果

19. 热压通风作用与( )成正比。
   A. 进排风口面积 B. 进排风口中心线垂直距离
   C. 室内空气密度 D. 室外空气密度

20. 热加工车间的外墙中部侧窗通常采用( )。
   A. 平开窗 B. 立转窗
   C. 固定窗 D. 推拉窗

三、名词解释（每题4分，共20分）

1. 立口

2. 塞口

3. 羊角头

4. 吊顶

5. 雨篷

四、简答题（每题5分，共25分）

1. 楼梯的首层、标准层与顶层平面图有何不同？

2. 确定门的尺寸应考虑哪些因素？

3. 多层厂房的平面布置形式有哪几种？各有何特点？

4. 圈梁的作用有哪些？设置原则主要有哪些？

5. 屋顶的作用及设计要求有哪些？

五、作图题（10分）

绘制一种有保温，不上人卷材防水屋面的断面构造简图，并注明各构造层次名称及材料做法。

模拟题十三

房屋建筑学试题

一、**填空题**（每题1分，共15分）

1. 为了保证建筑制品、构配件等有关尺寸间的统一协调，在建筑模数协调中尺寸分为_____、_____、_____。
2. 基础按所用材料及受力特点可分为_____和_____。
3. 地下室砖墙须做防潮处理，墙体必须采用_____砂浆砌筑，灰缝应饱满，墙身外侧设_____。
4. 常见的隔墙有_____、_____和_____。
5. 楼板层的基本构成部分有_____、_____等。
6. 现浇钢筋混凝土楼梯，按梯段传力特点分为_____和_____。
7. 屋顶的外形有_____、_____和其他类型。
8. 建筑平面各部分的使用性质分为_____和_____。
9. 根据采光口在外围护结构的位置分为_____、_____及_____三种方式。
10. 大板建筑外墙板的接缝防水构造措施有_____和_____。
11. 钢筋混凝土圈梁的宽度宜与_____相同，高度不小于_____。
12. 卷材防水屋面上人的常用_____作保护层，不上人的屋面用_____、_____作保护层。
13. 公共建筑的走道净宽一般不应小于两股人流通行时所需的宽度，因此不应小于_____mm。
14. 楼梯的净高在平台处不应小于_____，在梯段处不应小于_____。
15. 按生产状况，工业建筑可归纳为_____、_____、_____和_____四种基本类型。

二、**选择题**（每题2分，共40分）

1. 卷材防水屋面的基本构造层次按其作用可分别为（　　）。
   A. 结构层、找平层、结合层、防水层、保护层
   B. 结构层、找坡层、结合层、防水层、保护层
   C. 结构层、找坡层、保温层、防水层、保护层

D. 结构层、找平层、隔热层、防水层
2. 屋顶的设计应满足( )中的三方面的要求。
   A. 经济、结构、建筑艺术   B. 经济、建筑艺术、材料
   C. 功能、结构、建筑艺术   D. 经济、功能、结构
3. 当屋面坡度小于3%时,油毡宜( )于屋脊。当屋面坡度在3%～15%时,油毡宜( )于屋脊。
   A. 垂直、平行   B. 平行、垂直
   C. 垂直或平行、平行   D. 平行、垂直或平行
4. 一般住宅的主门、厨房、阳台门及卫生间门的最小宽度分别是( )。
   A. 800、800、700   B. 800、900、700
   C. 900、800、700   D. 900、800、800
5. 下列( )是对铝合金门窗的特点的描述。
   A. 表面氧化层易被腐蚀,需经常维修
   B. 色泽单一,一般只有银白和古铜两种
   C. 气密性、隔热性较好
   D. 框料较重,因而能承受较大的风荷载
6. 木窗的窗扇是由( )组成。
   A. 上冒头、下冒头、窗芯、玻璃   B. 边框、上下框、玻璃
   C. 边框、五金零件、玻璃   D. 亮子、上冒头、下冒头、玻璃
7. 单层厂房多用于( )。
   A. 电子厂   B. 食品厂
   C. 汽车厂   D. 玩具厂
8. 在初步设计阶段,可根据( )来估算厂房采光口面积。
   A. 造型要求   B. 建筑模数
   C. 窗地面积比   D. 立面效果
9. 通常,采光效率最高的是( )天窗。
   A. 矩形   B. 锯齿形
   C. 下沉式   D. 平天窗
10. 我国单层厂房主要采用钢筋混凝土排架结构体系,其基本柱距是( )米。
    A. 1   B. 3
    C. 6   D. 9
11. 单层厂房屋面基层分( )两种。
    A. 柔性防水和刚性防水   B. 有檩体系和无檩体系
    C. 钢和混凝土   D. 波形石棉瓦和压型钢板
12. 平天窗的类型有( )。
    A. 采光带、采光板、采光罩
    B. 采光带、采光板、采光罩、采光井
    C. 采光带、采光板、采光罩、采光孔
    D. 采光带、采光板、采光孔

13. 挡风板支架有( )和( )两种支承方式,都可以( )或( )布置。
   A. 垂直式、倾斜式、立柱、悬挑
   B. 立柱式、悬挑式、垂直、倾斜
   C. 立柱式、倾斜式、垂直、悬挑
   D. 悬挑式、垂直式、立柱、倾斜

14. 厂房中使用的钢梯主要有( )。
   A. 作业平台梯、吊车梯
   B. 直梯、斜梯、爬梯
   C. 作业平台梯、吊车梯、消防检修梯
   D. 钢梯、木梯

15. 多层厂房的生活间采用非通过式是( )的房间组合方式。
   A. 对人流活动不进行严格控制
   B. 对人流活动要进行严格控制
   C. 对生产环境清洁度要求不严
   D. 对生产环境清洁度要求严格

16. 多层厂房的柱网采用( )式柱网有利于车间的自然采光和通风。
   A. 内廊式柱网
   B. 等跨式柱网
   C. 对称不等跨柱网
   D. 大跨度式柱网

17. 按进光的途径不同天窗分为顶部进光的天窗和侧面进光的天窗。前者主要用于( )。
   A. 气候或阴天较多的地区
   B. 炎热地区
   C. 大型公共建筑中的中庭
   D. 进深或跨度大的建筑物

18. 住宅入户门、防烟楼梯间门、寒冷地区公共建筑外门应分别采用( )开启方式。
   A. 平开门、平开门、转门
   B. 推拉门、弹簧门、折叠门
   C. 平开门、弹簧门、转门
   D. 平开门、转门、转门

19. 两个雨水管的间距应控制在( )。
   A. 15～18m
   B. 18～24m
   C. 24～27m
   D. 24～32m

20. 阳台按使用要求不同可分为( )。
   A. 凹阳台、凸阳台
   B. 生活阳台、服务阳台
   C. 封闭阳台、开敞阳台
   D. 生活阳台、工作阳台

三、名词解释（每题5分，共25分）

1. 板式楼板

2. 卷材地面

3. 直接式顶棚

4. 明沟

5. 隔墙

四、简答题（每题5分，共20分）

1. 砖砌平拱梁的构造要点是什么？

2. 散水的作用是什么？散水的宽度如何确定，散水的坡度多大？

3. 一般抹灰墙面分级如何？

4. 阳台按结构形式分为几类？

模拟题十四

房屋建筑学试题

一、填空题（每题1分，共15分）

1. 常见的隔墙有_____、_____和_____。
2. 按施工方式不同，常见的墙面装修可分为_____、_____、_____、_____和_____等五类。
3. 沿建筑长轴方向布置的墙称为_____墙。
4. 散水与外墙交接处应设_____。
5. 钢筋混凝土基础属于_____性基础。
6. 窗洞口宽度和高度应采用_____mm的模数。
7. 37砖墙的实际厚度为_____。
8. 深基础是指建筑物的基础埋深大于_____。
9. _____须将建筑物的基础、墙体、楼、地层、屋顶等构件全部断开。
10. 中型以上的热加工厂房，如轧钢、铸工、锻工等，应采用_____平面形式。
11. 楼梯设计中，楼梯平台宽度一定要_____楼梯段宽度。墙体按构造方式不同，有_____、_____、_____。
12. 木门窗的安装方法有_____和_____两种。
13. 厂房外墙面划分方法有_____、_____及_____。
14. 单层厂房的支撑包括_____和_____。
15. 走道的长度可根据组合房间的实际需要来确定，但同时要满足_____的有关规定。

二、选择题（每题2分，共40分）

1. 梯井宽度以（　　）为宜。
   A. 60～150mm B. 100～200mm
   C. 60～200mm D. 60～150mm
2. 下面哪些是预制装配式钢筋混凝土楼梯（　　）。
   A. 扭板式、梁承式、墙悬臂式 B. 梁承式、扭板式、墙悬臂式
   C. 墙承式、梁承式、墙悬臂式 D. 墙悬臂式、扭板式、墙承式
3. 防滑条应突出踏步面（　　）。

A. 1~2mm　　　　　　　　　　B. 5mm
C. 3~5mm　　　　　　　　　　D. 2~3mm

4. 普通黏土砖的规格为( )。
   A. 240mm×120mm×60mm　　　B. 240mm×110mm×55mm
   C. 240mm×115mm×53mm　　　D. 240mm×115mm×55mm

5. 下列哪种做法属于抹灰类饰面( )。
   A. 陶瓷锦砖面　　　　　　　　B. 塑料壁纸面
   C. 水磨石面　　　　　　　　　D. 大理石面

6. 房屋一般由( )组成。
   A. 基础、楼板、地面、楼梯、墙（柱）、屋顶、门窗
   B. 地基、楼板、地面、楼梯、墙（柱）、屋顶、门窗
   C. 基础、楼地面、楼梯、墙、柱、门窗
   D. 基础、地基、楼地面、楼梯、墙、柱、门窗

7. 只是建筑物的围护构件的是( )。
   A. 墙　　　　　　　　　　　　B. 门和窗
   C. 基础　　　　　　　　　　　D. 楼板

8. 为防止墙身受潮，建筑底层室内地面应高于室外地面( )mm以上。
   A. 150　　　　　　　　　　　B. 300
   C. 450　　　　　　　　　　　D. 600

9. 卧室净高常取( )。
   A. 2.2~2.4m　　　　　　　　B. 2.8~3.0m
   C. 3.0~3.6m　　　　　　　　D. 4.2~6.0m

10. 中学演示教室当地面坡度大于( )，应做成台阶形。
    A. 1:5　　　　　　　　　　　B. 1:6
    C. 1:8　　　　　　　　　　　D. 1:10

11. 庭院建筑常采用( )的尺度。
    A. 自然　　　　　　　　　　　B. 夸张
    C. 亲切　　　　　　　　　　　D. 相似

12. 民用建筑中最常见的剖面形式是( )。
    A. 矩形　　　　　　　　　　　B. 圆形
    C. 三角形　　　　　　　　　　D. 梯形

13. 沥青混凝土构件属于( )。
    A. 非燃烧体　　　　　　　　　B. 燃烧体
    C. 难燃烧体　　　　　　　　　D. 易燃烧体

14. 民用建筑按照层数可分为( )。
    注：①单层建筑　②低层建筑　③高层建筑　④多层建筑　⑤超高层建筑
    A. ①②③　　　　　　　　　　B. ②③⑤
    C. ③④⑤　　　　　　　　　　D. ②③④

15. 耐火等级为一级的一般民用建筑，其位于两个外部出口或楼梯之间的房间门至外

部出口或封闭楼梯间的距离最大不应超过( )。
   A. 42　　　　　　　　　　　　B. 40
   C. 45　　　　　　　　　　　　D. 50

16. 交通联系部分包括( )。
   A. 水平交通空间，垂直交通空间，交通转换空间
   B. 垂直交通空间，交通枢纽空间，坡道交通空间
   C. 交通枢纽空间，交通转换空间，坡道交通空间
   D. 水平交通空间，垂直交通空间，交通枢纽空间

17. 空间结构有( )。
   A. 悬索结构，薄壳结构，网架结构
   B. 网架结构，预应力结构，悬索结构
   C. 预应力结构，悬索结构，梁板结构
   D. 薄壳结构，网架结构，预应力结构

18. 墙体按受力情况分为( )。
   注：①山墙　②承重墙　③非承重墙　④内墙　⑤空体墙
   A. ①④⑤　　　　　　　　　　B. ②⑤
   C. ③④　　　　　　　　　　　D. ②③

19. 室外台阶的踏步高一般在( )左右。
   A. 150mm　　　　　　　　　　B. 180mm
   C. 120mm　　　　　　　　　　D. 100~150mm

20. 预制装配墙悬壁式钢筋混凝土楼梯用于嵌固踏步板的墙体厚度一般为( )，踏步的悬挑长度一般为( )，以保证嵌固段牢固。
   A. <180mm、≤2100mm　　　　B. <180mm、≤1800mm
   C. <240mm、≤2100mm　　　　D. <240mm、≤1800mm

三、简答题（每题5分，共25分）

1. 立面处理方法有哪些？

2. 排预制板时，板与房间的尺寸出现差额如何处理？

3. 如何处理阳台、雨篷的排水与防水?

4. 确定窗的尺寸应考虑哪些因素?

5. 简述工业建筑的含义。

四、作图题（每题10分，共20分）

1. 用图示例三种变形缝的构造做法。

2. 图示散水与勒脚的做法。

第四部分

自 测 题

自 测 题 一

1. 单股人流为通行宽度，建筑规范对住宅、公共建筑楼梯梯段宽度的限定是(　　)。
   A. 600mm~700mm、≥1200mm、≥3000mm
   B. 500mm~600mm、≥1100mm、≥1300mm
   C. 600mm~700mm、≥1200mm、≥1500mm
   D. 500mm~650mm、≥1100mm、≥1300mm

2. 托儿所、幼儿园层数不宜超过(　　)。
   A. 2层　　　　　　　　　　B. 3层
   C. 4层　　　　　　　　　　D. 5层

3. 楼梯下要通行一般其净高度不小于(　　)。
   A. 2100mm　　　　　　　　B. 1900mm
   C. 2000mm　　　　　　　　D. 2400mm

4. 预制装配式梁承式钢筋混凝土楼梯的预制构件可分为(　　)。
   A. 梯段板、平台梁、栏杆扶手　　B. 平台板、平台梁、栏杆扶手
   C. 踏步板、平台梁、平台板　　　D. 梯段板、平台梁、平台板

5. 预制楼梯踏步板的断面形式有(　　)。
   A. 一字形、L形、倒L形、三角形　　B. 矩形、L形、倒L形、三角形
   C. L形、矩形、三角形、一字形　　　D. 倒L形、三角形、一字形、矩形

6. 在预制钢筋混凝土楼梯的梯段与平台梁节点处理中，就平台梁与梯段之间的关系而言，有(　　)方式。
   A. 埋步、错步　　　　　　　　B. 不埋步、不错步
   C. 错步、不错步　　　　　　　D. 埋步、不埋步

7. 在多层厂房中，屏蔽室应尽量设在(　　)。
   A. 底层　　　　　　　　　　B. 顶层
   C. 中间层　　　　　　　　　D. 顶层或底层

8. 在砖混结构建筑中，承重墙的结构布置方式有(　　)。
   注：①横墙承重　②纵墙承重　③山墙承重　④纵横墙承重　⑤部分框架承重
   A. ①②　　　　　　　　　　B. ①③
   C. ④　　　　　　　　　　　D. ①②③④⑤

9. 建筑构造设计的原则有(　　)。
   A. 坚固适用、技术先进、经济合理、美观大方
   B. 适用经济、技术先进、经济合理、美观大方
   C. 结构合理、技术先进、经济合理、美观大方
   D. 坚固耐用、技术先进、结构合理、美观大方

251

10. 根据钢筋混凝土楼板的施工方法不同可分为( )。
   A. 现浇式、梁板式、板式
   B. 板式、装配整体式、梁板式
   C. 装配式、装配整体式、现浇式
   D. 装配整体式、梁板式、板式

11. 提高外墙保温能力可采用( )。
   注：①选用热阻较大的材料 ②选用重量大的材料 ③选用孔隙率高、密度小(轻)的材料 ④防止外墙产生凝结水 ⑤防止外墙出现空气渗透
   A. ①③④
   B. ①②⑤
   C. ②⑤
   D. ①②③④⑤

12. 墙脚采用( )等材料，可不设防潮层。
   注：①黏土砖 ②砌块 ③条石 ④混凝土
   A. ①③④
   B. ②③
   C. ①②④
   D. ③④

13. 当门窗洞口上部有集中荷载作用时，其过梁可选用( )。
   A. 平拱砖过梁
   B. 拱砖过梁
   C. 钢筋砖过梁
   D. 钢筋混凝土过梁

14. 在考虑墙体的内外表面装修做法时，应尽可能使进入墙体的水蒸气( )。
   A. 进易出难
   B. 进难出易
   C. 进易出易
   D. 进难出难

15. 在玻璃幕墙立面划分中，通常竖梃间距不超过( )。
   A. 1.5M
   B. 1.8M
   C. 1.2M
   D. 0.9M

16. 组成房屋的构件中，下列既属承重构件又是围护构件的是( )。
   A. 墙、屋顶
   B. 楼板、基础
   C. 屋顶、基础
   D. 门窗、墙

17. 中学演示教室当地面坡度大于( )，应做成台阶形。
   A. 1:5
   B. 1:6
   C. 1:8
   D. 1:10

18. 建筑技术条件是指( )。
   A. 建筑结构技术、建筑材料技术、建筑构造技术
   B. 建筑结构技术、建筑材料技术、建筑施工技术
   C. 建筑结构技术、建筑环保技术、建筑构造技术
   D. 建筑结构技术、建筑构造技术、建筑施工技术

19. 纵墙承重的优点是( )。
   A. 空间组合较灵活
   B. 纵墙上开门、窗限制较少
   C. 整体刚度好
   D. 楼板所用材料较横墙承重少

20. 建筑色彩必须与建筑物( )相一致。
   A. 底色
   B. 建筑物的性质
   C. 前景色
   D. 虚实关系

21. 影响建筑构造的外界环境因素有( )。

A. 外界作用力、人为因素、地表影响
B. 外界作用力、气候条件、地表影响
C. 火灾的影响、人为因素、气候条件
D. 外界作用力、人为因素、气候条件

22. 台阶与建筑出入口之间的平台宽度及其排水坡度应为( )。
A. 不小于800mm、1%
B. 不小于1500mm、2%
C. 不小于2500mm、5%
D. 不小于1000mm、3%

23. 组成房屋的承重构件有( )。
A. 屋顶、门窗、墙（柱）、楼板
B. 屋顶、楼梯、墙（柱）、基础
C. 屋顶、楼梯、门窗、基础
D. 屋顶、门窗、楼板、基础

24. 住宅建筑常利用阳台与凹廊形成( )的变化。
A. 粗糙与细微
B. 虚实与凸凹
C. 厚重与轻盈
D. 简单与复杂

25. 在多层厂房的层数选择中起主导作用的是( )。
A. 城市规划
B. 生产工艺
C. 经济因素
D. 建筑造型

26. 立面的重点处理部位主要是指( )。
A. 建筑的主立面
B. 建筑的檐口部位
C. 建筑的主要出入口
D. 建筑的复杂部位

27. ( )是一切形式美的基本规律。
注：①对比 ②统一 ③虚实 ④变化
A. ①②
B. ①③
C. ②
D. ②④

28. 单侧采光房间窗户上沿离地高应大于房间进深长度的( )。
A. 1/2
B. 1/4
C. 2倍
D. 4倍

29. ( )是住宅建筑采用的组合方式。
A. 单一体型
B. 单元组合体型
C. 复杂体型
D. 对称体型

30. 住宅、商店等一般民用建筑室内外高差不大于( )mm。
A. 900
B. 600
C. 300
D. 150

31. 为使观众厅声音均匀，宜采用( )棚。
A. 连片形
B. 波浪形
C. 分层式
D. 悬挂式

32. 楼梯栏杆扶手的高度，供儿童使用的楼梯增设扶手一般应为( )。
A. 1000mm、400mm
B. 900mm、500～700mm
C. 900mm、500～600mm
D. 900mm、400mm

33. 电影院错位排列，其视线升高值为( )。

253

A. 60mm B. 120mm
C. 240mm D. 150mm

34. 商场底层层高一般为( )。
   A. 2.2~2.4m B. 2.8~3.0m
   C. 3.0~3.6m D. 4.2~6.0m

35. 设计视点的高低与地面起坡大小的关系是( )。
   A. 正比关系 B. 反比关系
   C. 不会改变 D. 毫无关系

36. 悬索结构常用于( )建筑。
   A. 多层 B. 高层
   C. 超高层 D. 低层

37. 带副框的彩板钢门窗适用于下列哪种情况：( )。
   A. 外墙装修为普通粉刷时 B. 外墙面是花岗石、大理石等贴面材料时
   C. 窗的尺寸较大时 D. 采用立口的安装方法时

38. 住宅建筑常采用( )的尺度。
   A. 自然 B. 夸张
   C. 亲切 D. 相似

39. 纪念性建筑常采用( )的尺度。
   A. 自然 B. 夸张
   C. 亲切 D. 相似

40. 无特殊要求房间窗台高度常取( )mm。
   A. 900 B. 1200
   C. 1500 D. 1800

41. 建筑立面常采用( )反映建筑物真实大小。
   注：①门窗 ②细部 ③轮廓 ④质感
   A. ①②④ B. ②③
   C. ①② D. ①②③

42. 影响建筑构造的因素有( )。
   A. 外界环境、建筑技术条件、建筑材料
   B. 外界环境、建筑施工条件、建筑标准
   C. 外界环境、建筑技术条件、建筑标准
   D. 外界环境、建筑施工条件、建筑标准

43. 混合式栏杆的竖杆和拦板分别起的作用主要是( )。
   A. 装饰、保护 B. 节约材料、稳定
   C. 节约材料、保护 D. 抗侧力、保护和美观装饰

44. 地下室的所有墙体都必须( )水平防潮层。
   A. 一道 B. 二道
   C. 三道 D. 四道

45. 地下室构造设计的主要任务是( )。

A. 保证地下室使用时不受潮,不渗漏
B. 满足使用要求
C. 采光通风良好
D. 保证地下室装修美观

46. 电影院对位排列,其视线升高值为( )。
   A. 60mm B. 120mm
   C. 240mm D. 150mm

47. 在一般民用建筑中,小开间横墙承重结构的优点有( )。
   注:①空间划分灵活 ②房屋的整体性好 ③结构刚度较大 ④有利于组织室内通风
   A. ①③④ B. ①②③
   C. ②③④ D. ①④

48. 一般单股人流通行最小宽度取( )。
   A. 450mm B. 500mm
   C. 240mm D. 550mm

49. 1981年国际建筑师协会的华沙宣言报告( )。
   A. 建筑是科技与艺术的综合体
   B. 建筑是创造人类生活环境综合的艺术和科学
   C. 建筑学是自然学科和社会学科的综合体
   D. 建筑是人类文化的重要组成部分

50. 横墙承重方案中建筑开间在( )较经济。
   A. 3.0m B. 4.2m
   C. 2.4m D. 5.7m

51. 民用建筑楼梯的位置按其使用性质可分为( )。
   A. 主要楼梯、次要楼梯、景观楼梯 B. 次要楼梯、主要楼梯、弧形楼梯
   C. 景观楼梯、消防楼梯、主要楼梯 D. 消防楼梯、次要楼梯、主要楼梯

52. 教室净高常取( )。
   A. 2.2~2.4m B. 2.8~3.0m
   C. 3.0~3.6m D. 4.2~6.0m

53. 商场底层层高一般为( )。
   A. 2.2~2.4m B. 2.8~3.0m
   C. 3.0~3.6m D. 4.2~6.0m

54. 天然大理石墙面的装饰效果较好,通常用于以下部位:( )。
   注:①外墙面 ②办公室内墙面 ③门厅内墙面 ④卧室内墙面 ⑤卫生间内墙面
   A. ①③ B. ②④⑤
   C. ①④ D. ②

55. 刚性基础的受力特点是( )。
   A. 抗拉强度大、抗压强度小 B. 抗拉、抗压强度均大

C. 抗剪切强度大 　　　　　　　　　D. 抗压强度大、抗拉强度小

56. 构成建筑的基本要素是( )。
   A. 建筑功能、建筑技术、建筑用途　　B. 建筑功能、建筑形象、建筑用途
   C. 建筑功能、建筑规模、建筑形象　　D. 建筑功能、建筑技术、建筑形象

57. 建筑技术包括( )。
   A. 建筑材料与制品技术、结构技术、施工技术、电气技术
   B. 结构技术、施工技术、设备技术、建筑材料与制品技术
   C. 施工技术、设备技术、电气技术、建筑材料与制品技术
   D. 设备技术、施工技术、电气技术、建筑材料与制品技术

58. 建筑物按照使用性质可分为( )。
   注：①工业建筑　②公共建筑　③民用建筑　④农业建筑
   A. ①②③　　　　　　　　　　　B. ②③④
   C. ①③④　　　　　　　　　　　D. ①②④

59. 常用的预制钢筋混凝土楼板，根据其截面形式可分为( )。
   A. 平板、组合式楼板、空心板　　　B. 槽形板、平板、空心板
   C. 空心板、组合式楼板、平板　　　D. 组合式楼板、肋梁楼板、空心板

60. 组成房屋的围护构件有( )。
   A. 屋顶、门窗、墙（柱）　　　　　B. 屋顶、楼梯、墙（柱）
   C. 屋顶、楼梯、门窗　　　　　　　D. 基础、门窗、墙（柱）

61. 初步设计的具体图纸和文件有( )。
   注：①设计总说明　②建筑总平面图　③各层平面图、剖面图、立面图　④工程概算书　⑤建筑构造详图
   A. ②③④⑤　　　　　　　　　　B. ①②③④
   C. ①③④　　　　　　　　　　　D. ②④⑤

62. 为防止最后一排座位距黑板过远，后排座位距黑板的距离不宜大于( )。
   A. 8m　　　　　　　　　　　　　B. 8.5m
   C. 9m　　　　　　　　　　　　　D. 9.5m

63. 为避免学生过于斜视而影响视力，水平视角及前排边座与黑板远端的视线夹角应大于等于( )度。
   A. 10　　　　　　　　　　　　　B. 15
   C. 20　　　　　　　　　　　　　D. 30

64. 重复小空间的空间组合方式常采用( )的手法。
   注：①走道式　②通道式　③夹层式　④大厅式
   A. ①　　　　　　　　　　　　　B. ③④
   C. ①②　　　　　　　　　　　　D. ①②④

65. 住宅中卧室、厨房、阳台的门宽一般取为( )mm。
   A. 1000、900、800　　　　　　　B. 900、800、700
   C. 900、800、800　　　　　　　　D. 900、900、900

66. 对于大型公共建筑，如影剧院的观众厅，门的数量和总宽度应分别按每100人多

少（mm）计算宽度，且每扇门宽度不宜小于多少（mm）。（　　）
A. 600、1200　　　　　　　B. 500、1200
C. 600、1400　　　　　　　D. 500、1400

67. 耐火等级为一级的一般民用建筑，其位于袋形走道两侧或尽端的房间，距外部出口或封闭楼梯间的最大距离不应超过(　　)。
A. 22M　　　　　　　B. 23M
C. 24M　　　　　　　D. 25M

68. 组成房屋各部分的构件归纳起来是(　　)两方面作用。
A. 围护作用、通风采光作用　　　B. 通风采光作用、承重作用
C. 围护作用、承重作用　　　　　D. 通风采光作用、通行作用

69. 太阳在天空中的位置可用(　　)来确定。
A. 高度、方位　　　　　　B. 高度角、方位角
C. 经度、纬度　　　　　　D. 世界坐标

70. 房间内部的使用面积根据它的使用特点，可分为(　　)。
A. 家具或设备所占面积、使用活动面积、结构所占面积
B. 使用活动面积、交通面积、管道井所占面积
C. 交通面积、家具或设备所占面积、使用活动面积
D. 结构所占面积、管道井所占面积、使用活动面积

71. 卧室净高常取(　　)。
A. 2.2~2.4m　　　　　　B. 2.8~3.0m
C. 3.0~3.6m　　　　　　D. 4.2~6.0m

72. 电梯按其使用性质可分为(　　)。
A. 乘客电梯、载货电梯、消防电梯
B. 载货电梯、消防电梯、食梯、杂物梯
C. 消防电梯、乘客电梯、杂物梯、载货电梯
D. 杂物梯、食梯、乘客电梯、消防电梯

73. 在生产车间的层高大于(　　)时，生活间与车间应采用不同层高。
A. 2.4m　　　　　　　B. 3.6m
C. 4.2m　　　　　　　D. 5.4m

74. 建筑平面的组合形式有(　　)。
A. 走道式组合、大小空间组合、单元式组合、主次空间组合
B. 套间式组合、走道式组合、大厅式组合、单元式组合
C. 大厅式组合、主次空间组合、走道式组合、套间式组合
D. 单元式组合、套间式组合、主次空间组合、走道式组合

75. 建筑物的使用部分是指(　　)。
A. 主要使用房间和交通联系部分　　B. 主要使用房间和辅助使用房间
C. 使用房间和交通联系部分　　　　D. 房间和楼电梯等

76. 影响房间面积大小的因素有(　　)。
A. 房间内部活动特点，结构布置形式，家具设备的数量，使用人数的多少

B. 使用人数的多少，结构布置形式，家具设备的数量，家具的布置方式
C. 家具设备的数量，房间内部活动特点，使用人数的多少，家具的布置方式
D. 家具的布置方式，结构布置形式，房间内部活动特点，使用人数的多少

77. 为保证室内采光的要求，一般单侧采光时房间进深不大于窗上口至地面距离的倍数，双侧采光时进深可较单侧采光时增大的倍数是(　　)。
A. 2、1　　　　　　　　B. 2、2
C. 1、1　　　　　　　　D. 1、2

78. 厕所、浴室的门扇宽度一般为(　　)mm。
A. 500　　　　　　　　B. 700
C. 900　　　　　　　　D. 1000

79. 一般供单人通行的楼梯净宽度应不小于(　　)。
A. 650mm　　　　　　B. 750mm
C. 850mm　　　　　　D. 900mm

80. 在墙体设计中，为简化施工，避免砍砖，凡墙段长度在1500mm以内时，应尽量符合砖模即(　　)。
A. 115mm　　　　　　B. 120mm
C. 125mm　　　　　　D. 240mm

81. 钢筋砖过梁两端的砖应伸进墙内的搭接长度不小于(　　)mm。
A. 20　　　　　　　　B. 60
C. 120　　　　　　　D. 240

82. 伸缩缝是为了预防(　　)对建筑物的不利影响而设置的。
A. 温度变化　　　　　B. 地基不均匀沉降
C. 地震　　　　　　　D. 荷载过大

83. 隔墙自重由(　　)承受。
注：①柱　②墙　③楼板　④小梁　⑤基础
A. ①③　　　　　　　B. ③④
C. ③　　　　　　　　D. ①⑤

84. 较重要的建筑物建筑设计一般划分为(　　)设计阶段。
A. 方案设计、施工图设计　　B. 方案设计、初步设计、施工图设计
C. 结构设计、建筑设计　　　D. 初步设计、施工图设计

85. 建筑是指(　　)的总称。
A. 建筑物　　　　　　B. 构筑物
C. 建筑物、构筑物　　D. 建造物、构造物

86. 当设计最高地下水位(　　)地下室地坪时，一般只做防潮处理。
A. 高于　　　　　　　B. 高于300mm
C. 低于　　　　　　　D. 高于100mm

87. 以竖梃为主要受力杆件的元件式玻璃幕墙，其竖梃间距一般不宜超过(　　)m。
A. 1　　　　　　　　B. 1.5
C. 2　　　　　　　　D. 2.5

88. 考虑安全原因，住宅的空花式栏杆的空花尺寸不宜过大，通常控制在（　　）左右。

    A．100～120mm　　　　　　　　B．50～100mm
    C．50～120mm　　　　　　　　　D．110～150mm

89. 为防止墙身受潮，建筑底层室内地面应高于室外地面（　　）mm 以上。

    A．150　　　　　　　　　　　　B．300
    C．450　　　　　　　　　　　　D．600

90. 当直接在墙上装设扶手时，扶手与墙面保持（　　）左右的距离。

    A．250mm　　　　　　　　　　　B．100mm
    C．50mm　　　　　　　　　　　　D．300mm

91. 室外台阶踏步宽为（　　）左右。

    A．300～400mm　　　　　　　　B．250mm
    C．250～300mm　　　　　　　　D．220mm

92. 分模数的基数为（　　）。

    注：①1/10M　②1/5M　③1/4M　④1/3M　⑤1/2M
    A．①③④　　　　　　　　　　　B．③④⑤
    C．②③④　　　　　　　　　　　D．①②⑤

93. 通向机房的通道和楼梯宽度、楼梯坡度分别不小于、不大于（　　）。

    A．1.5m、38°　　　　　　　　　B．1.2m、45°
    C．0.9m、60°　　　　　　　　　D．1.8m、30°

94. 井道壁为钢筋混凝土时，应预留宽度值的见方、垂直中距为（　　）。

    A．180mm、1.5m　　　　　　　　B．180mm、2.0m
    C．150mm、1.5m　　　　　　　　D．150mm、2.0m

95. 梁板式梯段由哪两部分组成（　　）。

    A．平台、栏杆　　　　　　　　　B．栏杆、梯斜梁
    C．梯斜梁、踏步板　　　　　　　D．踏步板、栏杆

96. 楼板层通常由（　　）组成。

    A．面层、楼板、地坪　　　　　　B．面层、楼板、顶棚
    C．支撑、楼板、顶棚　　　　　　D．垫层、梁、楼板

97. 噪声的传播途径有（　　）。

    A．撞击传声、固体传声　　　　　B．撞击传声、固体传声
    C．空气传声、固体传声　　　　　D．空气传声、漫反射传声

98. 根据使用材料的不同，楼板可分为（　　）。

    A．木楼板、钢筋混凝土楼板、压型钢板组合楼板
    B．钢筋混凝土楼板、压型钢板组合楼板、空心板
    C．肋梁楼板、空心板、压型钢板组合楼板
    D．压型钢板组合楼板、木楼板、空心板

99. 下列哪一种房间进深大时应设置天窗（　　）。

    A．卧室　　　　　　　　　　　　B．单层厂房

259

C. 厨房 D. 中学美术教室
100. 判断建筑构件是否达到耐火极限的具体条件有( )。

注：①构件是否失去支持能力 ②构件是否被破坏 ③构件是否失去完整性
④构件是否失去隔火作用 ⑤构件是否燃烧

A. ①③④ B. ②③⑤
C. ③④⑤ D. ②③④

自 测 题 二

1. 预制板的支撑方式有( )。
   A. 直板式、曲板式　　　　　　B. 板式、梁式
   C. 梁式、曲梁式　　　　　　　D. 板式、梁板式

2. 预制钢筋混凝土楼板间应留缝隙的原因是( )。
   A. 板宽规格的限制，实际尺寸小于标志尺寸
   B. 有利于预制板的制作
   C. 有利于加强板的强度
   D. 有利于房屋整体性的提高

3. 预制板在墙上的搁置长度不少于( )。
   A. 90mm　　　　　　　　　　　B. 180mm
   C. 60mm　　　　　　　　　　　D. 120mm

4. 预制板在梁上的搁置长度不少于( )。
   A. 90mm　　　　　　　　　　　B. 180mm
   C. 60mm　　　　　　　　　　　D. 120mm

5. 彩板钢门窗的特点是( )。
   A. 易锈蚀，需经常进行表面油漆维护
   B. 密闭性能较差，不能用于有洁净、防尘要求的房间
   C. 质量轻、硬度高、采光面积大
   D. 断面形式简单，安装快速方便

6. 屋顶具有的功能有：( )。
   注：①遮风　②蔽雨　③保温　④隔热
   A. ①②　　　　　　　　　　　B. ①②④
   C. ③④　　　　　　　　　　　D. ①②③④

7. 地坪层由( )构成。
   A. 面层、结构层、垫层、素土夯实层
   B. 面层、找平层、垫层、素土夯实层
   C. 面层、结构层、垫层、结合层
   D. 构造层、结构层、垫层、素土夯实层

8. 地面按其材料和做法可分为( )。
   A. 水磨石地面、块料地面、塑料地面、木地面
   B. 块料地面、塑料地面、木地面、泥地面
   C. 整体地面、块料地面、塑料地面、木地面
   D. 刚性地面、柔性地面

9. 下面属整体地面的是( )。
    A. 釉面地砖地面、抛光砖地面　　　B. 抛光砖地面、水磨石地面
    C. 水泥砂浆地面、抛光砖地面　　　D. 水泥砂浆地面、水磨石地面
10. 下面属块料地面的是( )。
    A. 黏土砖地面、水磨石地面　　　　B. 抛光砖地面、水磨石地面
    C. 陶瓷锦砖地面、抛光砖地面　　　D. 水泥砂浆地面、耐磨砖地面
11. 木地面按其构造做法有( )。
    A. 空铺、实铺、砌筑　　　　　　　B. 实铺、空铺、拼接
    C. 粘贴、空铺、实铺　　　　　　　D. 砌筑、拼接、实铺
12. 地面变形缝包括( )。
    A. 温度伸缩缝、沉降缝、防震缝　　B. 分隔缝、沉降缝、防震缝
    C. 温度伸缩缝、分隔缝、防震缝　　D. 温度伸缩缝、沉降缝、分隔缝
13. 阳台是由( )组成：
    A. 栏杆、扶手　　　　　　　　　　B. 挑梁、扶手
    C. 栏杆、承重结构　　　　　　　　D. 栏杆、栏板
14. 现浇肋梁楼板由( )现浇而成。
    A. 混凝土、砂浆、钢筋　　　　　　B. 柱、次梁、主梁
    C. 板、次梁、主梁　　　　　　　　D. 砂浆、次梁、主梁
15. 平屋顶的一般排水坡度、最常用的排水坡度为( )。
    A. 10%、5%　　　　　　　　　　　B. 5%、1%
    C. 3%、5%　　　　　　　　　　　 D. 5%、2%~3%
16. 木窗的窗扇是由( )组成。
    A. 上、下冒头、窗芯、玻璃　　　　B. 边框、上下框、玻璃
    C. 边框、五金零件、玻璃　　　　　D. 亮子、上冒头、下冒头、玻璃
17. 平屋顶坡度的形成方式有( )。
    A. 纵墙起坡、山墙起坡　　　　　　B. 山墙起坡
    C. 材料找坡、结构找坡　　　　　　D. 结构找坡
18. 下列陈述正确的是( )。
    A. 转门可作为寒冷地区公共建筑的外门
    B. 推拉门是建筑中最常见、使用最广泛的门
    C. 转门可向两个方向旋转，故可作为双向疏散门
    D. 车间大门因其尺寸较大，故不宜采用推拉门
19. 请选出错误的一项：( )。
    A. 塑料门窗有良好的隔热性和密封性
    B. 塑料门窗变形大，刚度差，在大风地区应慎用
    C. 塑料门窗耐腐蚀，不用涂涂料
    D. 以上都不对
20. 在有檩体系中，瓦通常铺设在( )组成的基层上。
    A. 檩条、屋面板、挂瓦条　　　　　B. 各类钢筋混凝土板

  C. 木望板和檩条   D. 钢筋混凝土板、檩条和挂瓦条

21. 钢筋混凝土板瓦屋面的面层通常可用( )。
  A. 面砖   B. 木板
  C. 平瓦   D. 平瓦、陶瓷面砖

22. 根据受力状况的不同，现浇肋梁楼板可分为( )。
  A. 单向板肋梁楼板、多向板肋梁楼板
  B. 单向板肋梁楼板、双向板肋梁楼板
  C. 双向板肋梁楼板、三向板肋梁楼板

23. 两个雨水管的间距应控制在( )。
  A. 15~18m   B. 18~24m
  C. 24~27m   D. 24~32m

24. 多层厂房主要适用于( )。
  注：①轻型工业 ②重型工业 ③采用垂直工艺流程 ④采用水平工艺流程
  A. ①③   B. ①④
  C. ②③   D. ②④

25. 屋顶结构找坡的优点是( )。
  注：①经济性好 ②减轻荷载 ③室内顶棚平整 ④排水坡度较大
  A. ①②   B. ①②④
  C. ②④   D. ①②③④

26. 一般天沟的净宽不应小于的值、天沟口至分水线的距离不应小于的值是( )。
  A. 200mm、120mm   B. 180mm、100mm
  C. 180mm、120mm   D. 200mm、100mm

27. 卷材防水保温屋面比一般卷材屋面增加的层次有：( )。
  注：①保温层 ②隔热层 ③隔蒸汽层 ④找平层
  A. ②③④   B. ①③
  C. ③④   D. ①③④

28. 井式天窗的基本布置形式可分为( )。
  A. 一侧布置、两侧对称布置、两侧错开布置
  B. 两侧对称布置、两侧错开布置
  C. 一侧布置、跨中布置、两侧对称布置、两侧错开布置
  D. 跨中布置、两侧对称布置、两侧错开布置

29. 多层厂房多用于( )。
  A. 重型机械制造厂   B. 冶炼厂
  C. 汽车厂   D. 玩具厂

30. 以下说法正确的是( )。
  注：①泛水应有足够高度，一般不小于250 ②女儿墙与刚性防水层间留分格缝，可有效地防止其开裂 ③泛水应嵌入立墙上的凹槽内并用水泥钉固定 ④刚性防水层内的钢筋在分格缝处应断开
  A. ①②③   B. ②③④

C. ①③④ D. ①②③④

31. 根据《厂房建筑模数协调标准》的要求，排架结构单层厂房的屋架跨度<18m时，采用的模数数列；≥18m时，采用的模数数列是(　　)。
   A. 1M，3M B. 6M，30M
   C. 3M，6M D. 30M，60M

32. 下列窗宜采用(　　)开启方式：卧室的窗、车间的高侧窗、门上的亮子。
   A. 平开窗、立转窗、固定窗
   B. 推拉窗（或平开窗）、悬窗、固定窗
   C. 平开窗、固定窗、立转窗
   D. 推拉窗、平开窗、中悬窗

33. 坡屋顶坡度多用的表示方法，平屋顶坡度常用的表示方法是(　　)。
   A. 斜率法、百分比法 B. 角度法、斜率法
   C. 斜率法、百分比法 D. 角度法、百分比法

34. 开启时不占室内空间，但擦洗及维修不便的窗；擦窗安全方便，但影响家具布置和使用的窗分别是(　　)。
   A. 内开窗、固定窗 B. 内开窗、外开窗
   C. 立转窗、外开窗 D. 外开窗、内开窗

35. 单层厂房的横向定位轴线是(　　)的定位轴线。
   A. 平行于屋架 B. 垂直于屋架
   C. 按1、2…编号 D. 按A、B…编号

36. 挑阳台的结构布置可采用(　　)方式。
   A. 挑梁搭板、悬挑阳台板 B. 砖墙承重、梁板结构
   C. 悬挑阳台板、梁板结构 D. 框架承重、悬挑阳台板

37. 热加工车间的外墙中部侧窗通常采用(　　)。
   A. 平开窗 B. 立转窗
   C. 固定窗 D. 推拉窗

38. 下列描述中，(　　)是正确的。
   A. 铝合金窗因其优越的性能，常被应用为高层甚至超高层建筑的外窗
   B. 50系列铝合金平开门，是指其门框厚度构造尺寸为50mm
   C. 铝合金窗在安装时，外框应与墙体连接牢固，最好直接埋入墙中
   D. 铝合金框材表面的氧化层易褪色，容易出现"花脸"现象

39. 单层厂房屋面防水有(　　)等方式。
   A. 卷材防水、刚性防水
   B. 刚性防水、构件自防水、瓦屋面防水
   C. 构件自防水、刚性防水、卷材防水
   D. 瓦屋面防水、刚性防水、卷材防水、构件自防水

40. 下列说法中(　　)是正确的。
   A. 刚性防水屋面的女儿墙泛水构造与卷材屋面构造是相同的
   B. 刚性防水屋面，女儿墙与防水层之间不应有缝，并加铺附加卷材形成泛水

C. 泛水应有足够高度，一般不少于250mm
D. 刚性防水层内的钢筋在分格缝处应连通，保持防水层的整体性

41. 空气调节车间在平面设计时，尽可能布置在朝（   ），减少太阳的辐射热。
    A. 东   B. 南
    C. 西   D. 北

42. 钢窗采用组合窗的优点是（   ）。
    A. 耐腐蚀   B. 美观
    C. 便于生产和运输   D. 经济

43. 屋面水落管距墙面的最小距离是（   ）。
    A. 150mm   B. 75mm
    C. 20mm   D. 30mm

44. 下列（   ）是对铝合金门窗的特点的描述。
    A. 表面氧化层易被腐蚀，需经常维修
    B. 色泽单一，一般只有银白和古铜两种
    C. 质量轻、性能好、色泽美、气密性、隔热性较好
    D. 框料较重，因而能承受较大的风荷载

45. 常用门的高度一般应大于（   ）mm。
    A. 1800   B. 1500
    C. 2000   D. 2400

46. 重型机械制造工业主要采用（   ）。
    A. 单层厂房   B. 多层厂房
    C. 混合层次厂房   D. 高层厂房

47. 工业建筑按用途可分为（   ）厂房。
    A. 主要、辅助、动力、运输、储存、其他
    B. 单层、多层、混合层次
    C. 冷加工、热加工、恒温恒湿、洁净
    D. 轻工业、重工业等

48. 顶棚的作用有（   ）。
    注：①用来遮挡屋顶结构，美化室内环境 ②提高屋顶的保温隔热能力 ③增进室内音质效果 ④保护顶棚内的各种管道
    A. ②③④   B. ①②③
    C. ①③④   D. ①②④

49. 冷加工车间是指（   ）。
    A. 常温下   B. 零度以下
    C. 零下5度   D. 零下10度

50. 工业建筑设计应满足（   ）的要求。
    注：a. 生产工艺 b. 建筑技术 c. 建筑经济 d. 卫生及安全 e. 建筑造型
    A. a、b   B. c、d、e
    C. a、b、c、d   D. a、b、c、d、e

51. 多层厂房的剖面设计主要是研究确定厂房的( )。
    A. 屋顶和基础   B. 层数和层高
    C. 采光和通风   D. 结构和设备

52. 压型钢板屋面的防水方式属于( )。
    A. 瓦屋面防水   B. 构件自防水
    C. 刚性防水   D. 卷材防水

53. 为保证高精度生产的正常进行，多层厂房宜采用( )的平面布置方式。
    A. 内廊式   B. 统间式
    C. 混合式   D. 套间式

54. 多层厂房采用( )平面布置对自动化流水线生产更为有利。
    A. 内廊式   B. 统间式
    C. 混合式   D. 套间式

55. 我国《工业企业采光设计标准》中将工业生产的视觉工作分为( )级。
    A. Ⅲ   B. Ⅳ
    C. Ⅴ   D. Ⅵ

56. 工厂大门的开启方式有( )。
    A. 平开、推拉、折叠、升降、上翻   B. 平开、推拉、折叠、升降、上翻、卷帘
    C. 平开、推拉、折叠、升降、卷帘   D. 平开、推拉、升降、上翻、卷帘

57. 热压通风作用与( )成正比。
    A. 进排风口面积   B. 进排风口中心线垂直距离
    C. 室内空气密度   D. 室外空气密度

58. 下列哪种构图手法不是形成韵律的主要手法( )。
    A. 渐变   B. 重复
    C. 交错   D. 对称

59. 组合式钢门窗是由( )组合而成的。
    A. 基本窗和窗扇   B. 基本窗和基本窗
    C. 基本窗和拼料   D. 基本窗和横拼料

60. ( )的起重量可达数百吨。
    A. 单轨悬挂吊车   B. 梁式吊车
    C. 桥式吊车   D. 悬臂吊车

61. 推拉门当门扇高度大于4m时，应采用( )何种构造方式。
    A. 上挂式推拉门   B. 下滑式推拉门
    C. 轻便式推拉门   D. 立转式推拉门

62. 厂房高度是指( )。
    A. 室内地面至屋面   B. 室外地面至柱顶
    C. 室内地面至柱顶   D. 室外地面至屋面

63. 封闭式结合的纵向定位轴线应是( )。
    注：a. 屋架外缘与上柱内缘重合 b. 屋架外缘与上柱外缘重合 c. 屋架外缘与外墙内缘重合 d. 屋架外缘与外墙外缘重合 e. 上柱内缘与纵向定位轴线重合

A. a、b、c B. c、d、e
C. a、b、d D. b、c、e

64. 洁净室的装修及构造处理,着重应考虑满足( )要求。
    A. 美观   B. 防尘
    C. 防水   D. 施工简单

65. 热压通风作用与( )成正比。
    A. 进排风口面积   B. 进排风口中心线垂直距离
    C. 室内空气密度   D. 室外空气密度

66. 当生产车间的层高低于( )时,将生活间布置在主体建筑内是合理的。
    A. 2.4m   B. 3.6m
    C. 4.2m   D. 5.4m

67. 单层厂房的纵向定位轴线是( )的定位轴线。
    A. 平行于屋架   B. 垂直于屋架
    C. 按1、2…编号   D. 按A、B…编号

68. 当钢筋混凝土天窗端壁板分别由两块、三块板拼接而成时、天窗架(m)分别是( )。
    A. 3、6   B. 6、9
    C. 9、12   D. 12、15

69. 可用于越跨运输的是( )。
    A. 单轨悬挂吊车   B. 梁式吊车
    C. 桥式吊车   D. 龙门式吊车

70. 厂房高度是指( )。
    A. 室内地面至屋面   B. 室外地面至柱顶
    C. 室内地面至柱顶   D. 室外地面至屋面

71. 下沉式通风天窗的特点是( )。
    注:a.排风口始终处于负压区 b.构造最简单 c.采光效率高 d.布置灵活 e.通风流畅
    A. a、b、c   B. a、d、e
    C. c、d、e   D. b、d、e

72. 单层厂房长天沟外排水其长度一般不超过( )米。
    A. 80   B. 60
    C. 100   D. 150

73. 从水密、气密性能考虑,铝合金窗玻璃的镶嵌应优先选择( )。
    A. 干式装配   B. 湿式装配
    C. 混合装配   D. 无所谓

74. 大型屋面板的接缝分为哪两种,应加强防水构造处理的是其中的哪种。( )
    A. 横缝、纵缝、横缝   B. 横缝、纵缝、纵缝
    C. 分格缝、变形缝、分格缝   D. 分格缝、变形缝、变形缝

75. 在地震区不宜选用( )结构的多层厂房形式。

A. 混合结构　　　　　　　　　　B. 钢筋混凝土结构
C. 钢结构　　　　　　　　　　　D. 框架剪力墙结构

76. 单层厂房矩形天窗天窗扇常用的开启方式有(　　)。
    A. 上悬式、中悬式、平开式　　B. 中悬式、平开式、立转式
    C. 上悬式、中悬式　　　　　　D. 上悬式、中悬式、推拉式

77. 矩形通风天窗的挡雨方式有(　　)。
    A. 水平口设挡雨片、垂直口设挡雨片、大挑檐挡雨
    B. 中悬窗挡雨、水平口设挡雨片、垂直口设挡雨片
    C. 大挑檐挡雨、水平口设挡雨片、中悬窗挡雨
    D. 中悬窗挡雨、大挑檐挡雨

78. 下列有关刚性屋面防水层分格缝的叙述中，正确的是(　　)。
    A. 分格缝可以减少刚性防水层的伸缩变形，防止和限制裂缝的产生。
    B. 分格缝的设置是为了把大块现浇混凝土分割为小块，简化施工。
    C. 刚性防水层与女儿墙之间不应设分格缝，以利于防水。
    D. 防水层内的钢筋在分格缝处也应连通，保持防水层的整体性。

79. 通常，采光效率最高的是(　　)天窗。
    A. 矩形　　　　　　　　　　　B. 锯齿形
    C. 下沉式　　　　　　　　　　D. 平天窗

80. 单层厂房大型屋面板（肋形板）的标志尺寸为长、宽、高为(　　)。
    A. 5970mm、1490mm、240mm　　B. 4800mm、900mm、180mm
    C. 3600mm、600mm、120mm　　　D. 6000mm、1500mm、250mm

81. 单层厂房长天沟沟内纵坡应不小于(　　)。
    A. 0.5%　　　　　　　　　　　B. 1%
    C. 3%　　　　　　　　　　　　D. 2%

82. 钢筋混凝土槽瓦从防水方式讲上属于(　　)，从屋盖的结构体系来说属于(　　)。
    A. 构件自防水、无檩体系　　　B. 瓦屋面防水、无檩体系
    C. 构件自防水、有檩体系　　　D. 瓦屋面防水、有檩体系

83. 单层厂房的山墙抗风柱距采用(　　)数列。
    A. 3M　　　　　　　　　　　　B. 6M
    C. 30M　　　　　　　　　　　 D. 15M

84. 井式天窗井底板采用有檩体系时，为增加垂直口的净高，可采用(　　)。
    A. 矩形檩条、下卧式檩条、槽形檩条
    B. 下卧式檩条、槽形檩条
    C. 矩形檩条、L型檩条
    D. 下卧式檩条、槽形檩条、L型檩条

85. 当排架结构厂房的基础埋深较深时，其基础梁可搁置在(　　)。
    A. 柱基础的杯口顶面上、柱基础杯口的混凝土垫块上
    B. 排架柱底部的小牛腿上

C. 柱基础杯口的混凝土垫块上
D. 排架柱底部的小牛腿上、柱基础杯口的混凝土垫块上

86. 大型墙板与排架柱之间的连接方式分为( )和( )两大类。
A. 焊接连接、挂钩连接   B. 刚性连接、柔性连接
C. 螺栓挂钩连接、角钢挂钩连接   D. 螺栓连接、角钢连接

87. 工业厂房的推拉门由( )组成。
A. 门扇、门轨、地槽、滑轮   B. 门扇、门轨、地槽、滑轮、门框
C. 门扇、门轨、滑轮、门框   D. 门扇、地槽、滑轮、门框

88. 多层厂房的最大特点是( )。
A. 节约用地   B. 生产在不同标高的楼层上进行
C. 减少土建费用   D. 缩短厂区道路和管网

89. 涂刷冷底子油的作用是( )。
A. 防止油毡鼓泡   B. 防水作用
C. 气密性、隔热性较好   D. 粘结防水层

90. 下列生产车间宜布置于多层厂房内的有( )。
注：①热处理车间 ②恒温恒湿空调车间 ③精密仪表车间 ④大型机械加工车间
A. ①③   B. ①④
C. ②③   D. ②④

91. 矩形通风天窗为防止迎风面对排气口的不良影响，应设置( )。
A. 固定窗   B. 挡雨板
C. 挡风板   D. 上旋窗

92. 混合结构根据受力方式不同，可分为( )三种承重方式。
A. 横墙承重，纵墙承重，内墙承重
B. 纵墙承重，内墙承重，外墙承重
C. 纵横墙承重，横墙承重，纵墙承重
D. 内墙承重，外墙承重，纵横墙承重

93. 多层厂房的生活间采用通过式是( )的房间组合方式。
A. 对人流活动不进行严格控制   B. 对人流活动要进行严格控制
C. 对生产环境清洁度要求不严   D. 对生产环境清洁度要求严格

94. 复杂体型体量连接常有( )等方式。
注：①直接连接 ②咬接 ③以走廊或连接体连接
A. ①②   B. ①③
C. ②   D. ①②④

95. 洁净室不宜采用( )地面。
A. 铸铝隔栅地面   B. 塑料板地面
C. 水泥地面   D. 橡胶地面

96. 为了利于防振，在建筑设计中，应尽可能将精密仪表和设备设于( )。
A. 顶层或底层   B. 顶层

C. 减少土建费用　　　　　　　　D. 缩短厂区道路和管网

97. 洁净室可采用(　　)墙面。

注：①铝合金板　②普通抹灰　③装饰墙纸　④平板玻璃

A. ①③　　　　　　　　　　　　B. ②③

C. ②④　　　　　　　　　　　　D. ①④

98. 下面哪些是现浇钢筋混凝土楼梯(　　)。

A. 梁承式、墙悬臂式、扭板式　　B. 梁承式、梁悬臂式、扭板式

C. 墙承式、梁悬臂式、扭板式　　D. 墙承式、墙悬臂式、扭板式

99. 通常，(　　)方式的采光均匀度最差。

A. 单侧采光　　　　　　　　　　B. 双侧采光

C. 天窗采光　　　　　　　　　　D. 混合采光

100. 在需要人工照明与机械通风的厂房中，采用(　　)式柱网则较为合适。

A. 内廊式柱网　　　　　　　　　B. 等跨式柱网

C. 对称不等跨柱网　　　　　　　D. 大跨度式柱网

后 记

董千老师是一位很勤奋的年轻人，十多年来，他一面教课，一面从事设计工作，还抽时间写书，实在是很不容易的。

学习任何课程，都要把着眼点和落脚点放在领会精神，提高分析问题和解决问题的能力上，但又都须以搞清概念、掌握基本知识和基础资料为前提。学别的课程如此，学《房屋建筑学》尤其如此。

《房屋建筑学》是建筑学专业、建筑工程专业及建筑造价等专业的一门主要专业课，其内容涉及许多概念、知识、构造方法、数据及工程制图等问题，如不认真对待，很难全面地把握。这本《房屋建筑学学习辅导与习题精解》与教材搭配使用，有题目，有答案，对学生学好这门课程会有很大的帮助。

董千老师教学态度认真，善于思考问题，编写这本《房屋建筑学学习辅导与习题精解》是"有感而发"，即对编写这本书的必要性有深切的认识，其内容包含着他个人任教多年的经验与体会。

科学技术在飞速发展，建筑技术也在不断进步，作为反映"建筑设计理念、原则、方法和房屋构造技术"的教材《房屋建筑学》，也要去旧增新，不断修改，与时俱进，但这并不影响这本《房屋建筑学学习辅导与习题精解》相对稳定的存在。如果《房屋建筑学》修订了，《房屋建筑学学习辅导与习题精解》相应地修订就是了。

高等学校中的某些课程如《画法几何与工程制图》等早就编了同步习题集，但《房屋建筑学》的习题集还真的很少见。既然很少见，就算是新事物，希望董千老师在本书出版后注意听取读者反映，以便再版时进行修订。

霍维国

2005年10月于广州

参 考 文 献

1 同济大学、西安建筑科技大学、东南大学、重庆建筑大学编. 房屋建筑学（第三版）. 北京：中国建筑工业出版社，1997
2 同济大学、西安建筑科技大学、东南大学、重庆建筑大学编. 房屋建筑学（第四版）. 北京：中国建筑工业出版社，2005
3 刘建荣主编. 房屋建筑学. 武汉：武汉大学出版社，1991
4 刘建荣、龙世潜主编. 房屋建筑学. 北京：中央广播电视大学出版社，1985
5 武克基、广士奎主编. 房屋建筑学. 银川：宁夏人民出版社，1986
6 黄金凯、杨伯明主编. 房屋建筑学. 北京：冶金工业出版社，1987
7 郑忱主编. 房屋建筑学. 北京：中央广播电视大学出版社，1994
8 武六元、杜高潮主编. 房屋建筑学. 北京：中国建筑工业出版社，2001
9 任乃鑫主编. 注册建筑师资格考试模拟题. 沈阳：辽宁科学技术出版社，1999
10 许炳权主编. 全国二级注册建筑师考试复习题解. 北京：中国建材工业出版社，2000
11 建筑设计资料集.（第二版）（第一集～第十集）. 北京：中国建筑工业出版社，1994
12 李必瑜主编. 建筑构造（第二版）. 北京：中国建筑工业出版社，2000